感謝

廣告55年，

幸遇貴人，幸得機會

賴東明 著

自序

謝謝您即將閱讀此書：《感謝》。

感謝父母給我機會來到人世間，感謝老師們給我機會學習人生，感謝太太蔡雪梅給我機會成家，感謝國華廣告公司總經理許炳棠給我機會一生從事廣告業，感謝聯廣公司董事長葉明勳給我機會發揮能力……，真由衷感謝！

要感謝的人，此生應該數不清。因為從一九三四年至今二〇一九年，所遇貴人無數。然而，此書所收錄的僅是我作為廣告人時代所結識的幾位重要人物；在其他人生境遇中，諸多給我機會的人們，因為篇幅所限或記性不佳，可惜未能一一列入，如有遺漏者，也請包涵見諒。這些廣告路上我所遇到的貴人們，除了曾經當面致謝外，也想要藉此書出版時機表示由衷謝意。

我的廣告人生，從一九六二年開始於國華廣告，而在二〇一七年終止於聯廣公司。

在這半個世紀以上的時光裡，無日不向人鞠躬道謝。因為人人都好心地指導我，鼓勵我，安慰我，使我能日日成長，天天懂事。

能有今天，實是眾多人的提拔，我感謝於心，直至永遠。

東明謹書

二〇一九年二月四日　除夕

編輯前言——「廣告就是幫助別人」

夜幕低垂，晚間的台北市卻比白天更令人心馳目眩。當國華廣告創辦人許炳棠在半世紀前標下了中華商場屋頂經營權利，將之改裝為廣告霓虹燈箱，並展開廣告推銷業務，一盞盞霓虹燈便點亮了台北的夜空。爾後，「廣告」行業一步步成長茁壯，在台灣站穩腳步，有「廣告教父」美譽的賴東明親自參與了廣告代理事業的發展歷程，並於其中扮演著極其關鍵的角色。現在，賴東明以親愛友人致贈的酒杯小酌，以紀念鋼筆寫下畢生見證，希望以一個個感恩的故事，繼續推動社會良善的循環。

賴東明，出生於日本東京，是台灣中部農村長大的孩子。在他的成長環境中，農民間互助合作的無私與家中長輩樂善好施的舉止，自然而然築構起他

「助人」、「感恩」的人生哲學。賴東明的祖父常說：「吃人一斤，還人四兩。」意即在戰後民不聊生的台灣，儘管家中也過得辛苦，仍要謹記他人恩惠，盡其所能回饋鄉里。所以，祖母的廚房永遠為登門的乞丐而開，對於無力負擔棺材的街坊，母親也總是慷慨解囊。

台灣大學政治系畢業後，原任教職的賴東明憑藉無畏與熱忱，在國華廣告對外徵聘會計時主動去信謀職，毛遂自薦為業務人員，並過關斬將通過種種測試，順利加入許炳棠總經理麾下。自此，他一腳踏入了廣告代理行業，得到付出半生心血的職業。

台灣廣告代理事業的榮景並非一蹴可幾，時光回溯至一九六〇年，若沒有日本電通社長吉田秀雄於第二屆亞洲廣告會議的提倡，也許就沒有許炳棠先生創立的台灣國華廣告；若沒有葉明勳先生促成國華與聯合報、台灣電視公司的廣告代理合約，也許無法在當時奠定廣告交易制度，開廣告代理風氣之先河。若無葉公向經濟部時任部長孫運璿說明廣告代理業之功用，若無孫部長重新規劃職業分類，廣告代理業便不會於一九七五年正式成立於百業之中。

經濟起飛的七〇、八〇年代，台灣由農業社會漸漸轉型為輕工業，自有品牌商品初試啼聲，亟需廣告曝光宣傳。接著是十大經濟建設、開放引進國際品牌、台灣加入WTO國際村等重大變革，廣告可說是蒙其利又助其力。然而，台、中、華視三強逐鹿的電視時代，廣告亂象無法可管，幸得廣電處長劉建順與新聞局副局長洪瓊娟大力協助，逐步建立檢驗廣告內容機制，讓廣告創意於限定時段得以發揮。賴東明也在解除戒嚴與報禁後，受邀進入「廣播電台審議委員會」，共同推動廣告事業。

一九七八年賴東明被聘為聯廣顧問，負責業務與培訓。將廣告代理業推上新的高度。此時的廣告客戶也非常幫忙，為促進廣告代理業務的科學化，《自由時報》吳阿明董事長率先接受第三方公證單位「台灣發行公信會」檢驗，公開發行份數，並發表經第三者認定的稽核報告「ABC報告」，讓廣告更具有說服力和公正力。

事實上，一直以來，台灣廣告業承蒙日本幫助許多。在國華廣告成立初期，日本電通第四任社長吉田秀雄曾先後派遣兩團顧問團來台，命設計、廣播、文案、市調等方面的專才將其豐富經驗傾囊相授。其他諸如田村晃、武藤信一、成田豐、石川周三等人皆是和台灣方往來密切的廣告界前輩，和賴東明於公於私也都樹立起深刻綿長的情誼。

一九九九年，台灣發生九二一大地震。翌日，電通第九任社長成田豐便派員攜帶慰問函及慰問金來台。成田豐崇仰老社長吉田秀雄，曾推辦「紀念吉田秀雄百歲冥誕教師研究方案」，邀請東北亞三國之傳播學、行銷學、廣告學領域教師赴日研修，為期一年的研究費、住宿費、交通費悉數由吉田基金會支付，台灣則先後有九位教師獲得遴選，得以再度深造、豐富教學內容。

九〇年代，台灣身為AFAA亞洲廣告聯盟的創始人之一，卻遭受新進他國刁難，時任電通國際局的石川周三無畏壓力，毅然表示：「未繳會費者不得有發言權。」不僅替台灣保留了理事席位，更支持台灣舉辦亞洲廣告會議。二〇〇一年，雖適逢台灣政府執政黨輪替、美國紐約雙子大樓恐攻事件，許多講師、會員不敢搭機前來，身為執行長的賴東明努力刪減開支，總算順利完成籌辦，然仍有餘款買下廣告同業公會永久辦公室，獲得一方棲身之地，嘉惠所有廣告人。

廣告代理行業蒸蒸日上，民間成立廣告社團，在教育方面，台灣的大專院校開始設立廣告系所，賴東明先後獲聘於輔仁大學、政治大學、文化大學等校兼任教職。聯廣成立十週年時，更首創「以現金代鮮花」，將往來企業賀款作為大專院校廣告科系的教育基金。賴東明的妻子蔡雪梅小姐愛烏及烏，也以省吃儉用的節餘，創建「明梅廣告策略競賽獎助金」，以「廣告策略解決社會問題」為主題，鼓勵廣告學系大學生參加競賽。其他，像是吳進生、王彩雲夫妻邀約賴東明擔任發行人的《動腦》雜誌，被廣告人視為聖經，也對廣告行業頗有裨益。

對賴東明而言，「廣告就是幫助別人」。支持其信念的理由有二：其一，廣告不僅協助廠商銷售，也滿足了消費者需求，提供商品資訊和購買管道，同時解決雙方問題。其二，廣告不僅可從事商業活動，還可用於推動公共事業，也就是「公益廣告」。二〇〇三年，賴東明與《台灣英文雜誌社》董事長陳嘉男、統一超商總經理徐重仁談及社會道德議題，適逢日本公共廣告機構常務理事植條則夫倡導，便萌生推廣公益志業的念頭。

於是，三人成立「台灣公益廣告協會」，凝聚廣告代理、廣告媒體與廣告主共識，一同執行社會責任。往後，賴東明陸續得到法鼓山和董氏基金會響應，民間各方起而效尤，徐重仁總經理又成立公益團體「好鄰居基金會」，請賴東明擔任董事長，以「清掃台灣環保世界」為目標，推動各地清潔活動、搶救百年老店、遴選身障學子赴日學習等社會服務，「企業社會責任」的概念趨於成熟。

賴東明本身是台北北區扶輪社第二十九屆社長，在勝豐貿易公司總經理李炳桂邀請下加入，開啟社會服務之門。扶輪社創立四十週年的「扶輪親恩教育基金」，頒發獎助學金給品學兼優且單親的清寒學子，播下行善的種子。社員們每逢值得賀喜之事，也會捐助款項給基金會，象徵人生的大小喜事與成就，均來自他人的賜與。

行善、助人，是賴東明終其一生的職志。猶記得扶輪社日本東京都地區前總監佐藤千壽，曾贈送賴東明一枝日本P牌鋼筆，還體貼地將其姓名刻在筆尖上，提醒他記下善事代代相傳。此外，二姑丈從香港帶回的派克21鋼筆，既是對他勇於選擇先進職業的嘉許，也是在戒嚴時期希望他謹言慎行的提醒。而日本ADK廣告公司創辦人稻垣正夫來台拜訪行政院副院長林信義時，也送了陪同的賴東明一枝日製品牌S鋼筆，並祝福他：「寫下台灣廣告的輝煌歷史。」

賴東明常用來喝水的馬克杯，是政大教授吳翠珍為了慶賀賴東明生日，並祝福他評鑑工作成功送的。一支印有長野冬季世運的精工表，意味著電通與顧客緊密的夥伴關係，則是來自電通成田豐社長的禮物。東京迪士尼樂園總策畫師掘貞一郎曾親自燒出五個小酒杯和插花瓶，勉勵他：「人生別勉強，要適時適所能玩樂！」最令人動容的，則是電通駐台事務所所長三宅重一日常使用的眼鏡，於逝世後託付其子送來台灣，讓老友睹物思人。

上述每一件紀念品，都代表著一段輝煌的過往，每一位人物也都在台灣廣告代理業的發展歷程中佔有一席之地。從國華廣告助理業務到聯廣董事長，賴東明五十五年廣告生涯的感念之人、感佩之舉、感嘆之事、感激之情，詳盡記錄在這本《感謝》書中，在此與您分享，望業界雨露均沾齊步並進！

目次

第二篇　感謝廣告路上的引路人：日本廣告人

第三篇　感謝廣告路上的緣分：這些人，那些物

開場白　廣告河邊一枝草的謝言

筆者四十二年的廣告人生涯，始於一九六二年二月五日的國華廣告助理業務，終於二〇〇四年二月十日的聯廣公司董事長。[1]

四十二年來，親眼目睹台灣之廣告河流逐漸生氣蓬勃、生機盎然、生命壯大；雖然滾滾廣告河流之水一去不復返，它卻滋潤了筆者，使個人成長，使家庭溫飽。河邊一枝草，見證了四十二年近半世紀台灣廣告之河流的質和量均大幅成長，實有十分受惠的感恩，與幾分參與的感激。

[1] 賴東明於二〇〇四年卸任聯廣董事長，但繼續擔任聯廣名譽董事長，直至二〇一二年因發現腦腫瘤後實施手術，才逐漸淡出廣告圈。不過秉持著廣告就是幫助他人的理念，賴東明至今在社會公益方面仍持續發揮其廣告人的影響力。

廣告河道日益開展

四十二年來，台灣的廣告河流是如此演變的：

一、**廣告產業的形成：**受日本電通第四任社長吉田秀雄，在第二屆亞洲廣告會議上的鼓吹，一九六一年台灣的廣告公司陸續成立。國華廣告與《聯合報》、台灣電視公司先後簽下廣告業務代理合約，廣告代理業遂奠下基礎。

二、**廣告投資的成長：**一九六〇年政府頒布了《投資獎勵條例》，欲將台灣經濟由農業轉型為輕工業，遂使台灣有了具有品牌的商品，而需要廣告來促進大量消費，以支持大量生產。而後一九七〇年代的十大經濟建設，使物流人通更趨方便與快速，廣告成為驅引力或推動力。一九八〇年代後半的台灣市場三化（加值化、多元化、平台化），引進國際品牌商品，市場上有了本土品牌與外國品牌的競爭，廣告蒙其利又助其力。二〇〇〇年加入ＷＴＯ世界貿易組織，台灣成為全球的一村，在塑造台灣形象上，廣告益形重要。

三、廣告媒體的開放：初期只有三十一家報社、二十九家廣播電台及少許雜誌的三大媒體。一九六〇年代後有了台視的黑白播映，中視的彩色開播，台灣才進入完整的四大媒體廣告時代。一九八七年，國民黨政府解除戒嚴令，媒體解禁，報紙百家齊鳴，有線、衛星與無線來勢洶洶，爭取瓜分電視媒體的有限市場。

四、廣告學術的設系：初期的廣告人既不具廣告知識，又非學有專精，全憑個人苦學求知。一九八〇年代後半，政治大學、文化大學先後成立廣告學系，以培育廣告專業人才。廣告業與傳播業在這兩所大學捐助獎學金，產學雙方共同努力，為蓬勃發展的廣告河流注入許多新血。

五、廣告地位的提升：一九六六年，台灣廣告界舉辦第五屆亞洲廣告會議台北大會，使全台人士認知廣告與這個產業對經濟繁榮的重要性。一九七〇年代，經葉明勳先生的努力，將廣告代理業從廣告業公會分離，而自成一個同業公會，以別於廣告招牌業。《中國時報》持續舉辦「廣告金像獎」，並大幅報導，使大眾對廣告人豎起拇指，稱讚有加；《自由時報》「4A創意獎」的跟進，及《動腦》雜誌「廣告金句獎」的加入，則有擴大效果。二〇〇一年第二十二屆亞洲廣告會議台北大會，再度呈現出廣告與廣告人的社會影響力。

六、廣告社團的成立：先是同業的公會，而後有國際組織的IAA中華民國國際廣告協會，一九七〇年代則有台北市廣告代理業同業公會加入亞洲廣告聯盟；這二個組織使台灣廣告人頭痛萬分，為的是會籍與名稱。近來有代表廣告廠商的台灣廣告主協會，及以廣告來行善的台灣公益廣告協會。四十二年來的廣告河流，因這些廣告社團而擴大河道、加強河水流勢。

滔滔江海下的遺珠之憾

筆者四十二年來有幸順風順水航行於廣告大河之上，目睹其由無到有、由小變大、由粗變精，甚且大享水漲船高之利便，獲益由二人至四人，由助理業務成董事長，由無名到薄有虛名。

四十二年來，雖側身於廣告產業中，仍覺努力不足，未能使廣告達臻和先進國家一般的水準，實感汗顏。慚愧的是以下幾點：

其一，廣告效果尚未能客觀認定。報紙與雜誌的廣告需要有客觀、公開的衡量標準，但ABC發行公信會除了《壹》週刊、《蘋果日報》外，如今仍不為報社、雜誌社所理睬。發行公信會任務艱難，廣告人應在行動上予以支持，良好的制度才不致消失。

其二，廣告自律尚未能有效規範。廣告是影響眾人的信息，有其社會責任。過去由警備總司令部，以其政治、軍事觀點規範廣告，後由新聞局以政治、行政立場規範廣告。經過廣告業界不斷努力，加上政府解除了戒嚴令，法律才有所鬆綁。然而，自律自主應由業者自訂規範，或成立廣告自律機構，以免廣告惡評影響社會大眾，方屬良策。

匯聚經驗，澤被眾人

一生中的四十二年，有苦有樂，苦的是來自於自身的努力不足，樂的是得自於別人的賜予。餘生將樂於轉手分享別人的恩賜予眾人，想以廣告為手段來推動公益活動。

一生中的四十二年，有捨有得，捨的是自己的生活享受，得的是眾人的人生經驗。餘生願能學習更多的捨，以「扶輪」為平台來享受服務活動。

別了！廣告人，心中無限感恩，人生的四十二年因得與你同道同行，才得以見證或參與台灣的廣告築河工程，由衷感謝！

1980年代，由左起聯廣副董事長徐達光為聯廣打好基礎、常務董事楊朝陽引進國外Know How、總經理賴東明則負責提升聯廣的服務品質，讓當時聯廣穩坐台灣廣告界第一的寶座。

第一篇

感謝廣告路上的領航者：台灣廣告人

感念一代傳播人：葉明勳先生的領導風格

一九八〇年代初期，聯廣成立五年後，員工因公司有三位創辦人，而有分派系之兆。當時筆者初接任聯廣經理一職，面對這個聯合組成的新公司發生微震不穩，曾召集幹部，曉以大義，迫切需要人和上的助力。葉明公臨危不亂，一句：「你去做，我負責！」他信任部屬，充分授權，並在月會上講負荊請罪的故事，勉勵大家消除嫌隙，共體時艱，圖謀未來。

誠摯懇切，以心帶人

一九七七年，葉明公接續辜振甫擔任聯廣董事長，也是在這一年，筆者有幸進入聯廣任職顧問，前後師事葉明公長達三十二年之久。葉明公帶人帶心，時常令人感到如沐春風。當時聯廣有寬敞的地下室，每月月會即在此舉行。葉明公在月會上幾乎不曾訓誡過員工，只是講講故事，期使全體員工能頓悟。他主持會議時，簡要俐落，從不拖泥帶水，只問結果而少干涉過程，只求效果而少詢問細節。不管是開會或宴會，葉明公總是比與會人員早到，他說這是當主人的禮貌。

聯廣十週年慶時，筆者在一個月前向葉明公報告想改變慶典方式，勸請客人從致贈鮮花的習慣，改為贈送現金，聯廣則會相對提供同等金額一併捐贈給有廣告學系的大學。結果大為成功，多所大學皆因此受惠。葉明公曾擔任世新大學的董事長，故深切了解研究需要經費。周年慶當天，比別人早到的葉明公一到會場未見有鮮花擺設，就笑著對筆者說：「這種創意實在難能可貴。」

葉明公也非常明瞭每逢過年，員工對費用之迫切需要。一九八四年世界發生石油危機，台灣也受到波及，聯廣從事的是廣告代理，在既有客戶與潛在廠商紛紛削減或停止廣告活動的狀況下，資金源頭枯竭，自身難保。

當年的年終獎金再三計算、東拼西湊也缺額甚大，乃向葉明公提案：一是員工悉數發給，二是總經理努力不足不領獎金。葉明公很果決地表示：首先，總經理不領獎金，則其上的董事長也應免。第二，總經理要負責任，處長級以上也應負責任，所以，他們的年終獎金減半。第三，員工全額發放。葉明公體恤一般員工的生活，又明斷責任歸屬。

此外，葉明公非常愛護秘書們，一年總有二至三次宴請聯廣、世新、永新、台視的秘書小姐，以慰彼等辛勞。他說秘書是燈塔下的基石，她們的存在極其重要，卻鮮少受到重視，她們的貢獻也往往無法得到肯定。葉明公的慰勉，實在是溫馨感人。

既是媒體人，亦是廣告人

新聞要刊播在大眾傳播媒體上其影響力才會擴大，而與新聞同時出現於大眾傳播媒體展現影響力的則是廣告。

二〇〇九年十一月，葉明公去世，當時翻閱各大眾傳播媒體，莫不競相報導他不幸去世的新聞，並推崇其為新聞人；實則，葉明公也是了不起的廣告

葉明勳（右二）董事長主持聯廣慶功會。

人。葉先生當過新聞記者，也擔任過大眾媒體經營者，如《中華日報》社長、《自立晚報》社長、台灣電視公司常務監事等等，莫不表現傑出，卓有成就。

在葉明公擔任傳媒要職時，除重視新聞內容之外，當然，也要關心廣告業務。筆者受教明公時日甚久，了解亦深，茲將葉明公獻身廣告業要事寫出，期讓廣泛專業人士更了解葉明公對廣告業務的傑出貢獻。

其一，葉明公是國華廣告公司創辦人之一。大家都認為，許炳棠先生是國華廣告創辦人，其實是由葉明公首倡。而王超光、呂耀城等參加第二屆亞洲廣告會議的諸位先進，同樣受到電通社長吉田秀雄鼓吹而響應之。許炳棠先生在籌備國華時，曾接受電通塚本（曾任憲兵將官駐紮於台北）董事之建議，接納辜偉甫為籌備人；而辜偉甫先生則推薦蕭同茲、葉明勳二位列名其中。國華廣告公司就由二組人馬來組成，一組熟悉商場，一組熟悉新聞。葉明公則任常務監察人。

其二，是大力促成廣告業代理傳播媒體之廣告業務。國華廣告因有董事長蕭同茲與常務監察人葉明勳之新聞人存在，故取得《聯合報》信任，雙方在一九六一年簽訂廣告業務代理合約，為《聯合報》推廣廣告業務。此一業務代理合約有異於一般廣告版面買賣合約，可謂台灣廣告業向前邁進之一大步，葉先生助力甚大。

同年，台灣電視公司成立，葉明勳先生擔任該公司常務監察人，於是國華廣告代理台灣電視公司之廣告業務乃一拍即合。這種廣告代理模式開風氣之先，之後各公司就爰此先例陸續與大眾傳播媒體簽訂業務代理合約，廣告交易制度於焉成立。

其三，是促成廣告代理業同業公會之成立。一九六〇年代台灣廣告公司如雨後春筍般紛紛成立，根據政府法規須業必歸會。斯時台北已有廣告商業同業公會存在，其會員由廣告工程、室內裝潢、戶外招牌等公司組成。而其性質與新興的廣告代理業性質全然相異，不易相容。葉先生乃去經濟部向時任部長之孫運璿先生說明廣告代理業之特色、功用等。孫部長於是將職業分類重新規劃，一九七五年廣告代理業遂正式見諸於百業中。因葉先生的努力，而使廣告人受惠迄今。

其四，一九七七年葉明勳先生接續辜振甫董事長掌理聯廣公司，聯廣公司在其「你去做，我負責」的授權下，公司業務日新又新、蒸蒸日上。並率先加入勞工保險，建立員工認股，使員工形成自信、自愛的士氣氛圍，在業界獨領風騷。

一九八七年政府宣布解除戒嚴令，新聞局任命筆者為九人研究小組成員之一，將此任命報告於葉先生。他說：「廣告時代真正來臨，你要為業界爭取報禁解除。」其想法正如日本電通常務取締役吉田秀雄，在一九四五年八月十五日從廣播聽到日本天皇宣布向盟軍投降時，喊出「廣告時代來臨了」一樣，二者有異曲同音之妙。

葉先生雖不在廣告業第一線，卻可見其關切廣告之深，並不遜於新聞。總之，葉先生終生是新聞人，然亦是四十多年的廣告人，新聞與廣告二者皆為大眾傳媒所需。而此二者，葉明勳先生之貢獻皆有目共睹，如敬稱明公為「一代傳播人」，應不為過。

思懷舊情，如沐春風

聯廣公司在一九八〇年代因業務關係，常與日本往來。筆者某次在東京銀座文具店看到「百樂」名牌的新型鋼筆，是當年的暢銷品，乃購買一支送給葉明公。但卻遲遲未見他加以使用，仍持續使用舊的鋼筆。當時不禁好奇地請教葉明公，得到的回答是：「等舊筆用久了再換，這支筆是葉公超當部長時送給我的派克筆，已用二十年了吧。」

葉明公惜舊物，也念舊情。當中央社李嘉離開東京駐在所後，每次返台，葉明公總會以老同事身分宴請，把酒話故。席間也會問及日本電通公司的近況，他認識電通社長吉田秀雄以及後來接任的日比野恒次。其中，葉明公辦公桌上的筆筒裡放了一把古色古香的扇子，扇子一打開就是菜單，極為美緻風雅。他說是日比野恒次社長請他在日本料亭吃飯時，該料亭的藝伎送給他的，懷舊之情溢於言表。

聯廣在一九八〇年代的中期曾聘請了一位廣告專家武藤信一，來自電通公司的製作部門主管，得過世界級廣告獎項無數，在聯廣的六年時間裡貢獻其專業和人生的經驗。

當他要回日本擔任某專科學校校長時，曾對筆者說：「葉董事長學問大、心胸大、容人大，是一位令人景仰的『大人』。」葉明公的領導風格可見一斑。

葉明公指導筆者三十二年，使筆者在人生、在事業獲益良多。葉明公長我二十一歲，筆者尊其如父，而他卻護筆者如弟。如父如弟的關係實在值得來生再有一次。

賴東明師事葉明公32年，一生感謝他的指導，亦父亦兄的關係，值得來生再有一次。

廣告路上貴人相助：公益帶來豐富精彩的人生

一生歲月至今，荏苒八十多年，回顧過去，明顯可以分辨出順境與逆境階段。順境時，如有大風從背後助推；逆境時，則如正面迎風，受阻難行。思忖及此，不免感傷：老年人常說少年人不知苦，少年人愛笑老年人不識時。

如此，社會充滿矛盾，互相對立，時有衝突摩擦。廣告前輩，日本電通公司第四任社長吉田秀雄，曾經有言：「『摩擦』才是進步之因，推動力的源泉，否則你將變得懦弱無能。」這句話，後來成為日本戰後復興時代之勵志嘉言。

台灣公益廣告協會，促進社會祥和

社會的不和諧、政治的矛盾，是當今國家的現況，因此給憂國憂民志士，有機會組成各式各樣的國際社團，來從事促進社會祥和的工作。雖不敢說日本人的大和思想有多麼宏觀偉大，但小和作為，在現今還是可以當作參考依據。

有一年，與台灣英文雜誌社董事長陳嘉男，和統一超商總經理徐重仁閒聊，談及現今社會風氣、道德等問題，吾等嘆氣再嘆氣，不知有何方法，不知有誰賢人可來匡正……！三個有心人冗自空嘆氣，想提出解決方案，卻摸不著邊際。

每當人們談及證嚴法師，想起聖嚴法師，或論及陳樹菊，則莫不佩服，意欲效法，以求盡一己之力促進社會祥和。我脫口說出：「可用廣告作為解決方法！日本有例子。」於是空氣由冷轉熱。因此，談話不再嘆氣，不再批評，不再空洞，而是三個臭皮匠轉空言向實行，有了結論：由我擔任籌組工作，由陳嘉男籌募經費，由徐重仁供應人員。

於是在日本電通公司出身，當時任日本公共廣告機構常務理事的植條則夫倡導下，成立了「台灣公益廣告協會」，以求祥和社會。

台灣公益廣告協會從二〇〇三年創立以來，這十多年，對台灣社會衍生的

上　：1999年9月，統一超商成立財團法人好鄰居文教基金會，積極投入睦鄰安居工作，致力於改善社區生活及延續地方文化。圖中為賴東明先生在「搶救好鄰居 老店大翻新」成果發表會中致詞。

下左：「Clean Up the World 清潔地球　環保台灣」活動，是好鄰居基金會自2001年起，與澳洲Clean Up the World總會合作，全台有超過六百個清掃點。

下右：2004年的全民清掃活動活動於9月18日舉行，動員52,369名志工、216個團體，北從白沙灣，南至墾丁國家公園，東到宜蘭，西至離島馬祖，含澎湖、金門等離島在內，共639處同步進行清掃，撿拾超過16,449袋垃圾，是近年來全台灣規模最大之全民清掃活動。

問題，曾以廣告刊播方式提出解決建議。雖是人微言輕，但在商業廣告滿天刊播的情況下，也發揮了若干力量，使人認識到：廣告除了具有商業推廣力外，還具有公眾訴求力。這一公益力量應來自企業的社會奉獻，來自媒體的傳播責任。可不言利，可言益。

如今台灣公益廣告協會在義美食品總經理高志明先生主持下，使得公益廣告大大發揮其力量，促使社會更加柔和、安詳。真感謝陳嘉男董事長和徐重仁總經理，給了我參與公益志業的機會。

法鼓山的「四它」與「四感」

此外，陳嘉男先生還陪我去訪問法鼓山的聖嚴法師。大法師與我在士林農禪寺面對面談了一小時多，談的是法鼓山的定位問題。我分析高雄的佛光山寺、台中的中台禪寺、花蓮的慈濟等三大佛教教派，所展開的社會救濟活動，而建議法鼓山的走向可在教育方面。

聖嚴法師似胸有成竹，表示應可行。個人微言淺見幸好符合他的想法，心中甚感安慰。後來聯廣有機會為法鼓山拍廣告，並代理其傳播服務。該廣告在提升人品方面，強調「四它活動」。所謂「四它」，就是：面對它、接受它、處理它、放下它。如此，人可消解煩事，並可進至「四感」的境界。所謂「四感」，就是感恩、感謝、感化、感動。

能與宗教界大師聖嚴法師面談，已是無上榮幸，而得益有如深山大海，使自己增廣見聞不少。

然而，另有一事使我一生莫忘，如今仍歷歷如繪。

感謝千載難逢的機會！台灣首次民選總統

一九九六年，台灣舉行歷史上第一次的正副總統直選。過去，則是由選民選舉國民大會代表，再由國民大會代表投票選出總統，是一種間接選舉制。

如今經過台灣人民及民主人士的爭取，終於實現了由台灣選民直接投票，選出總統及副總統。候選人有李登輝與連戰、林洋港與郝伯村、彭明敏與謝長廷、陳履安與王清峰，都是一時之選。台灣選民多麼有福。就在台灣人個個興高采烈、熱鬧非凡的社會氛圍當中，江乃靜祕書告知，立法委員蕭萬長，願在晚上九時於遠企大飯店與我見面。筆者聞之，頓感這事猶如天掉下大石。

大學時雖攻讀政治學系，然畢業後未曾涉及政治事，為何有政治人物邀請喝茶？納悶！當晚依約前往。蕭主委先開口說，自從他在經濟部擔任國際貿易局局長以來，多年未見面。我曾毛遂自薦帶領聯廣同事向其提案「台灣品牌之在國際市場的建立」。他聽完即刻交代部屬：「連民間的廣告公司都將台灣品牌視如己事，如此用功，主管此事的我們官員卻不見動靜。趕快請教聯廣！」

那年那事，印象深刻。說完寒暄話，他隨即說：「幾千年才有一次的百姓選頭家即將實現。李總統要出來競選，我被任命為競選總部總幹事。我邀請你屈就總部之文宣推廣部部長。這件工作非常重要，請你以專家來幫我忙，也是協助李總統。拜託你！此為千載難逢的一次機會啊！」

他的說詞誠懇，有很強的感染力。但是，待其說完，我卻即刻一口回絕。我的理由是：文宣傳播工作已從事三十年，手法爛熟。對於商業文宣雖有許多經驗，但政治文宣則毫無經驗。深怕不但不會有幫助，甚且反而耽誤千載難逢大事。

隔不久，又有了深夜喝茶會面。這次蕭主委提出，多位推薦人請我任職。我仍一如首次，客氣地說怕誤人大事，更怕耽誤台灣千載難逢大事。

在原時間、原地點，我們二人有了第三次見面機會。赴會前我已有底稿：「請其打消念頭，另請高明。」茶水尚未喝，蕭主委開口就說：「李登輝總統行前交代，請賴先生務必就任。」

一聽此言，心頭就涼了半截，準備好的婉謝言詞，即刻結凍而說不出口了。面對蕭主委，一時啞然。最後，在誠惶誠恐之心情下接受了任命。不知辦公室在何處，不知同事是何人，不知……，太多的不知，唯有相信蕭萬長立委和李登輝總統。現在回想起來，那年的總統直選活動，是一生難得的機會，唯一的機會！真感謝蕭萬長先生！

葉明公是給我機會的人

我在聯廣任職四十年，一直感恩葉明勳董事長。葉明公令我感恩的是，給我機會擔任總經理。前總經理徐達光，因第五季廣告製片公司案雖已處理而焦頭爛額，不得已請辭。其職缺當時耳聞，楊副董事長推薦從美國歸台的鄭炳耀協理，徐達光副董事長則推薦土生土長的賴東明副總。當事者兩人未知被利用，作為競爭籌碼，日日依舊同心協力於廣告代理，心中只有聯廣業務，而不知聯廣內部的爭吵。

最後，葉明公傳我去其辦公室，說：「明天董事會，我會提名你。要做好答詢準備。」此時方知自己已被第三者的葉明公選定為繼任人選。筆者感謝葉明公的推薦，但也向葉明公報告：「擔任聯廣總經理責任重大，非老練者不能勝其任。我的廣告知識尚不足，廣告經驗尚不夠，自知能力有限。若可，僅能拚十年。故宜另選他人。」

葉明公聞此言，立刻說：「你不要推辭！你跟我一起來穩定局面。」就是葉明公的一句「兩人同行」，使我接受葉明公的推薦與翌日董事會的任命。感恩葉明公的推薦，感動葉明公在任職期間九年有半的支持、鼓勵、指導。葉明公是給我機會的人，我一生感謝他。

我在就任一開始，就發現公司內有新、舊兩派，隱隱約約可感受到你來我往地彼此爭強的氣氛。我認為，這種惡劣之風應早日斬草除根，乃召集全體公司幹部，曉以大義，說明團體內部分裂之可怕，成功以「和」為要。明知僅一次說教不會頓然生效，乃多次勸說。一加一乘以二不是力量；要「你身中有我，我身中有你」，才會有「2×1」的力量。

曉以大義，凝聚公司團結力

「東海派」的舊聯廣人，渴望成為業界的第一名；聯廣派的新聯廣人，則將目標指向廣告科學化的推廣。如此，舊東海的聯廣人，與新聯廣人的聯廣人，彼此應趁此時機融舊入新，同時把握新與舊之好機會來攜手合作，在「聯廣」新名字下並肩邁步前進。

道理，有人能領悟，有人聽不懂，有人則根本不理。對這種頑固份子，只有以「做給你看」來收服其心了。

於是有了幾項措施：（一）幹部週會，新、舊兩批幹部同席於一堂，分享一週之感動，分擔一週之過失。潛移默化，「聯」成一處的實際意義及其功力。（二）會員月會，全體同仁集合到地下室，或屋頂，互相交流，聽取自己一個月來的努力狀況。最重要的是聽訓——葉明公講故事。

葉明公的故事內容，來自於上個月發生的公司或社會大小事，來自於記者經驗得失事，或來自於《史記》為人做事之相關記載等，聽來令人知反省，感鼓勵。葉明公誠用心良苦，循循善誘也。

寫到這裡，幸感聯廣在成長時期的南京東路時代、重慶南路時代皆有地下室，有屋頂露台，可作為會場，或作為休閒之用。除了有空間可做多種用途外，也用於慶生會、慶功會、研究會等。

這些活動，不僅讓員工個人感到榮耀外，也可藉此機會促進融合，形成「聯」體。員工如果認知個體很重要，也能領悟公司全體也重要，這樣的體會是重要的良性循環。

當然，聯廣自成立以來，並非年年順風順水成長，正如〈愛拚才會贏〉這首流行歌曲所言：「有時起，有時落。」聯廣所遭遇的逆風年，有石油危機之年、市場開放之年等。

在市場開放之年，大量國際名牌商品進口，全球性的廣告代理商也隨著進來。聯廣作為在地廣告代理商，卻爭取不到任何一家品牌的廣告代理。進口品牌商品以雷霆萬鈞之勢席捲市場，聯廣還得為本土品牌商品做好本土市場保衛戰，極為辛苦。但是，卻也從中找出防止衰退的經驗。故聯廣有廣告策略，可幫助廣告主在行銷市場上運用可攻可守的技術。

現金代鮮花，開創新送禮模式

聯廣十週年，有慶就要祝。乃向上級主管葉明公建議新方案，幸獲其裁示「可」，而得以實施。一般慶典，總是送鮮花以示祝賀，但鮮花壽命短暫，事後又難以處理；如將鮮花價款，改送現金賀禮，也許可以解決這些問題，讓收禮與送禮者都方便，並可將受贈現金，轉贈教育機構，作為培養未來廣告人才之經費。

獲得葉明公核示後，乃大膽向有往來的企業說明，公司這次慶祝成立十週年的紀念活動，決定一改過去安排，而奉行「現金代鮮花」的模式。此一活動幸而獲得往來企業的支持，賀款不斷湧來。

聯廣將這些款項作為基金，並撥出對等金額，兩者綜合成為一筆教育基金，獎助大專院校廣告科系學子。獲得獎助基金的學校有政治大學，用於舉辦「廣告獎座」；有文化大學，用於「台灣廣告史研究」，有出版、有表揚等；有世新大學，用於舉辦「廣告學習營」等。

三校各自舉辦的活動最終都開了花，結了果；飲水思源，則其資金來源乃各方從事廣告以促進商品銷售之企業，響應「現金代鮮花」之呼籲，踴躍捐款使然。這真是史無前例的創意賀禮，嘉惠無數學子。

文化大學廣告系迄今，仍沿用當年募集基金的方法，繼續舉辦「向廣告人致敬」的活動。葉明公的一句「可」，創造了文化大學的教育傳統。

葉明公很能授權，時常對我說：「你做事，我負責。」一任職總經理約十年期間，常受舊東海派與新聯廣派的夾殺，雖然在推動業務向上，因此會有發展之苦，但作為經營者能忍就忍，至於不能忍受，需要解決的問題，則上報給葉明公。他則說：「你做事，我負責。」

他的負責方法，就是趁楊朝陽博士回台之際，設宴於榮星川菜館，邀請當事人與高級幹部聯歡。葉明公常在氣氛成熟時打開話匣子，談歷史故事，和當今時勢。其談話間總是隱含著由對立而和好的結構。有一次講了「負荊請罪」的歷史故事，在座人都為之感動。

葉明公總是不厭其煩，苦口婆心，以隱含「家和萬事興」之故事來勸解當事者雙方。這真是杯酒解心結，效果頗佳，新聯廣人與舊聯廣人的對立意識，降低得顯而易見。「家和萬事興」，聯廣遂在同仁同心協力下，在廣告科學化的作業下，日見成長。葉明公給了我做事的空間，也給了我任事盡責的機會，我一生感恩他。

人才重要，家和更重要

葉明公的人品領導，徐副董的本土關係，楊博士的科學作業，三者配合無間，促使聯廣業務蒸蒸日上。也該感謝那些年的那些同事，由於他（她）們的認真任事，我才有機會繼續擔任總經理。而徐與楊兩位創辦人的摩擦，則因有葉明公當和事佬，講了負荊請罪故事，五連七番設宴而擦出聯廣進步之因：

「人才重要，家和更重要。」

總之，人生常有貴人在路上相逢互識，至為可貴。在我的廣告人生路上，幸有貴人如陳嘉男董事長、聖嚴大師、徐重仁總經理、蕭萬長前立委，葉明勳董事長等，給我機會，使我人生更豐富、更精彩，衷心誠意感謝貴人們。

公益挺身五十次：與賴家結緣於超市的吳阿明董事長

父親節將隨母親節之後而來，節節逼近將會使三個單位摩拳擦掌，振奮動作起來。年度一次的思親孝順機會又來了。該三單位應是台北市北區扶輪社、台中市五美文教基金會及《自由時報》。

吳阿明挺身公益不遺餘力

二〇一七年一月十一日，《自由時報》董事長吳阿明先生安然辭世，享年九十三歲。吳阿明董事長多年積極促成《自由時報》與社會團體合作的機會，筆者因為從事廣告業，得以與吳阿明董事長常相往來，在此將其事蹟娓娓道來與讀者分享。

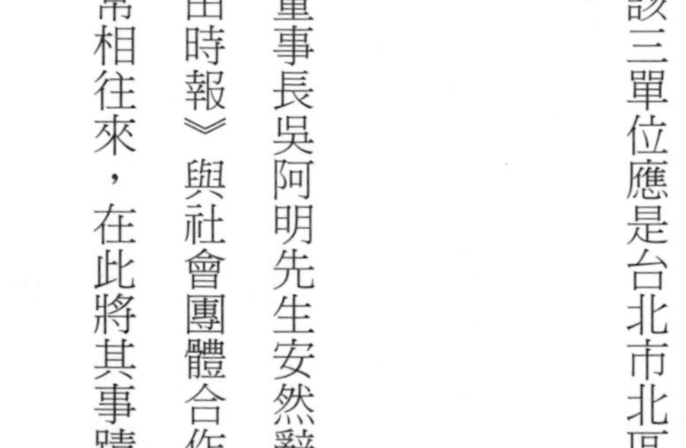

賴東明與自由時報董事長吳阿明（左一）、中央選舉委員會秘書長黃石城（右一）參與日本國寶級醫師日野原重明先生的百歲慶祝茶會。

台北北區扶輪社與台中五美文教基金會合作，舉辦「父親的短信」比賽活動已經有十多年，每年頒獎典禮時《自由時報》董事長吳阿明先生都會蒞臨盛會，除了頒獎、致詞，還會當場伏地挺身，為頒獎典禮增添了活力生氣，使頒獎人帶著美麗的回憶離去。

也因他的關係，台北北區扶輪社與台中五美文教基金會，兩個社團合辦的徵文活動「父親的短信」才能透過優質的《自由時報》來徵文、發表，公諸於世。

筆者年年衷心感謝他，以及《自由時報》，此後將要永遠感謝他了。但願也能年年感謝《自由時報》，因為扶輪服務與五美善行是持續不斷的。

與吳阿明董事長結緣

五美文教基金會與吳阿明董事長結緣於一九七〇年代的台中。那時候吳阿明董事長暫住於台中，經營其買下的《勞工日報》。當時的台灣正處於白色恐怖年代，言論不得自由。創投新報紙是不被允許的，但買下既有報紙則可能被核准。

吳阿明董事長期租屋在台中市北區的寶覺寺附近，是個幽雅地方。賴家則在寶覺寺附近經營「益東超市」。賴家是因被當局逼迫，不得已才將祖傳農田轉換為建地；否則，該筆土地將會被台中市府徵收，興建停車場或公園。

該地原是旱田，賴家曾經打算將其作為女兒的嫁妝。然而，先父認為此事甚為不妥，因此後來改將泉水地送做嫁妝而將該旱田留了下來。在賴家，嫁出去的女兒，不會是潑出去的水，而會準備豐厚嫁妝，務求嫁出去的女兒在婆家受到尊重。可見賴家非常重視這塊旱田土地，當初沒有作為嫁妝送出去，現在更不可能被隨意徵收，故要處理也要自己動土，絕不能由他人經手。

益東超市對寶覺寺社區而言，有過購物方便、夜間明亮、停車便利等社區功能。如今，此一角色已由「全聯」取而代之。台北出外人吳董事長常會來益東超市，因而與吾賴家人相遇相識於此。

先父公務退休後，常來益東超市巡視。仔細排置商品於正確位置，是其例行公事，因為來店顧客常有「物不歸原位」的習慣。先父曾任北屯農會總幹事、北屯區長、台中市議員、台中豐榮水利會會長、北屯國小家長會會長、新民商工董事會董事，並曾捐建鳳凰橋一座，及出國競技比賽獎學金多年。

兩人因有著相似背景而相處得來。二人都擔任過民意代表，名下土地同樣被政府所徵收，都曾受過日本高等教育。他們二人皆感傷社會道德淪喪，而意欲復興之。雖年齡有差，先父高吳氏十多歲，然則懷抱改善風俗之心無異。二人常有共識，意欲傳給晚輩，云：「在教育，尤在家教；在媒體，尤在新聞；在公務，尤在操守。」

兩人均認定學校有公民課而無修身課是弊病之根源。修身、齊家之修身課不教，而去讀治國、齊天下之公民課，則如樹根之腐朽，焉有繁茂之樹葉？

吳阿明董事長偶爾會來離益東超市有一段路程之有文寒舍。吳阿明董事長對著掛在有文舍牆壁上的于右任、賈景德等大老之墨寶，總會開口吟之詠之，讚美不已，可見其對書法之鑑賞力甚高，令人深深感覺到他是有格調的人。

童叟無欺，誠實交易，公正發行

除了陪在先父旁邊聆聽二人討論外，筆者本身也曾有過幾次與他「深讀」的機會。

一是在圓山飯店，猶記得那次是吃水餃當午餐。當時報社剛由台中遷址來台北，報紙名稱由《自由日報》要改名為《自由時報》。所讀的內容集中於變更報名、報格等所帶來的正反衝擊，其他如報紙的定位、報紙的廣告等，討論內容繁多。在過程中曾論及報社之經營態度——誠實，其實踐方法——公開發行份數，其應展現之報格——舉辦各種文化活動、社會公益等。

受邀的筆者盡力誠心提出建言，只願台灣能有一份本土性、公開性的報紙出現。本土性在於台灣優先的新聞內容，公開性在於發行份數敢於發表，以求廣告科學化。

如今《自由時報》經過自我選擇在報名格內印著「台灣優先，自由第一」，也在報名欄邊公布其發行份數，可見《自由時報》之經營者是誠實人。慶幸誠實人的報社老闆，有誠實人的田舍人居住在台中北屯。

二是在南京東路聯邦大樓喝茶，分析總統直選的選情。這是台灣四百年來自己選擇政治服務者。爭取總統職位者，有李連一組、彭謝一組、林郝一組、陳王一組等。在茶談中，筆者建議，報紙新聞報導要客觀，然評論文章可主觀。因為新聞報導是眾人所需，評論卻是報社主張。二者均會影響社會大眾。

三是在松江路《自由時報》大樓。讀的是報紙的促銷，包括：對報紙經銷商、對報紙讀者、對報紙廣告刊登者、對廣告代理者等。據實以報是上策，但要據實以報，則市面上欠缺客觀資料。兩人對此缺憾只能仰天長嘆。嘆，要誠實為生，真難！

這也是台灣發行公信會[2]成立後，《自由時報》是率先，也是迄今唯一接受稽核的報紙。不僅接受稽核，也誠實公開其報紙發行份數於報頭左邊，以此昭示童叟無欺，誠實交易，公正發行。

[2] 為因應數位時代的改變與影響，「台灣發行公信會（ＡＢＣ）」於二〇一七年九月正式更名為「財團法人中華民國傳媒稽核認證會」。

1993年12月23日，清晨4點3分，動腦同仁剛結束在四部印報機旁邊記錄《自由時報》印刷量的工作。可見當時《自由時報》對於發行量就是秉持著透明、公開的原則。

看準大衆心理，訂報抽黃金獎！

除了接受發行公開以取信眾人外，又舉辦讀者訂報抽黃金獎活動。雖有人批評贈送黃金太俗氣，然批評者其實不懂人心，不察本土人最喜愛黃金的習性。

本土人喜愛黃金的理由在於：（一）日本政府在二次大戰時，大力搜刮了本土人所擁有的金屬貴重物品，而以黃金為最；（二）國民政府初遷來台時，通貨膨脹嚴重，四萬台幣換一元新台幣，本土人的財產幾乎一夕縮水，瞬間變貧窮，民不聊生。記得國小或初中階段，筆者有次曾與先父一起上市場買菜，揹一包現金去買回了一斤高麗菜。本土人所持有之財產如此快速貶值，於是對現金失去了信任感。在當時唯獨黃金保有其原有價值，甚至還升值，使人深信黃金誠可貴也。

一九九二年，《自由時報》十二週年社慶，為鼓勵民眾訂報，看準大眾喜愛黃金，於是推出「訂報抽黃金」的活動。此活動一開始就轟動全台，《自由時報》也如鯉魚躍龍門，銷售量大增。不只銷售有了成果，吳阿明董事長也要找人主持廣告部。筆者因受林創辦人與吳董事長之託，乃對陳俊良進行德能調查，結果對林吳兩人識才之明深表認同。可喜的是，陳俊良任職《自由時報》期間不負期望，表現非凡，如今已屆齡退休。

松江路時代的《自由時報》，締造跳躍成長的里程碑，充實了其廣告業務。有了可傲人的報份，有了幹才的組織，於是加強其商業廣告，乃謀求擴增分類廣告。

筆者曾建議林創辦人與吳董事長，分類廣告業務猶如銀行之小額存款業務，經營良善能日進斗金，對《自由時報》經營也會有實質幫助。廣告可使《自由時報》在分類廣告方面日進斗金外，商業廣告方面也可使《自由時報》月月財源廣進。而其協助者就是廣告代理人，我們代理出錢買廣告版面的廣告廠商，日夜不懈地分析報紙，爭取版面，備極艱辛，對報社之付出可謂有功勞也有苦勞。

在廣告科學化路上，留下深刻踏實的腳印

吳阿明在每次「廣告人之夜」的場合上總是深度鞠躬，大大感謝廣告人。為使廣告代理人的業務科學化推動，《自由時報》參加了「台灣發行公信會」，公開發表其第三者認定的稽核報告。是當今台灣報業中唯一這樣做的報社。台灣發行公信會的稽核報告具有公信力，對廣告代理人而言，具有說服力及公正力。

當年與傳播學者賴國洲博士創立此協會時，在成立大會上，時任新聞局長的胡志強曾對筆者說：「會成功嗎？」真是感謝他的關心和憂慮。

如今，廣告人有公正、公開、公信的ＡＢＣ報告（Audit Bureau of Circulations）使用，以期廣告的可量化，走向廣告科學化之路邁進。《自由時報》在廣告科學化路上，留下了第一個深刻踏實的腳印。

《商周》週刊追隨在其後，也應用著ＡＢＣ資料加強其編輯內容。藉由知名報紙與雜誌雙雄帶領，定會引起其他有志的傳媒經營者，有樣學樣地追趕，

1991年1月29日，「如何推動台灣發行量稽核組織（ABC）之成立」座談會。

甚至超越之。如此，台灣的廣告科學化就會早日成功，而擠上國際之林。

報紙具有無比影響力，其力在於發行數量及在報紙格調。而格調內涵則在於新聞解析、廣告內容、副刊之品質。

充實副刊內容，強化文化層面根基

如今《自由時報》極力展開林榮三文學獎、詩畫獎、圍棋獎等，意欲拉近或保住新讀者或舊讀友，可謂用心良苦。然而，如此之文化推廣策略既可拉住舊讀者，吸進新讀友，也可提升報格之形象度。

日本發行量第一、影響力第一的《讀賣新聞》就是以質量二力經營其報紙，以吸引、拉住既有讀者及潛在讀者。吳阿明董事長一聽聞《讀賣新聞》之經營方式就若有所悟。當年日本報界經濟新聞的排序是：《朝日新聞》、《每日新聞》、《讀賣新聞》、《產經新聞》。其中，《讀賣新聞》因加強文化方面的新聞報導，遂獲得了舊讀者的更大滿意，也吸引來了潛在顧客的更多好奇。

《讀賣新聞》將文化因素加進其版面，此舉竟然引起名列前茅的報紙之批評；然而，經過日本發行ＡＢＣ機構之稽核，居然發行量已躍居首位，使其他報紙俯首稱臣，甘拜下風。《自由時報》早已在新聞上、副刊上努力充實內容，現在仍不斷精打細算，日日加強。

《自由時報》曾經支持日本歌舞伎團在台北市、高雄市的盛大演出，也曾贊助台灣西部縣市的校園啟蒙活動。為增加地方發行量，這二十年來更與台中市五美文教基金會及台北市北區扶輪社二社團合辦徵求「父親的短信」活動，歷年不輟。其中二次，父親的短信曾譯成日文，由專人帶去災地贈送。一次是二〇一一年日本東北三災，另一次是二〇一六年的熊本震災。

每次的徵文競賽發表頒獎時，吳董事長必會親臨會場，還會親自做伏地挺身五十次，以呼籲強身之重要性。這舉動常使與會人士驚嘆不已，自愧不如。如今吳阿明董事長雖以九十三高齡離我們而去，但他是我們可永遠懷念、感謝的人。他為人誠實，待人誠懇，做事誠心，是廣告人及台灣社會各界可學習的前輩。

台灣公益廣告的誕生：回報曾經給我機會行善的人

一九七〇年代中期，筆者擔任聯廣顧問，並加入扶輪社，在地區年會上認識了董氏基金會的董事長嚴道，邀我為董氏基金會設計室內禁菸廣告。然而，當時聯廣還沒有承接過公益性廣告，所以此案可以說是在摸索中完稿的。

廣告不只是私利性，也具有公益性

該室內禁菸廣告，找到六位既不抽菸且在辦公室裡要求禁菸的朋友，來擔任贊助人，並獲得免費刊登在五大報的外報頭上。

此時，嚴道董事長更認知到廣告代理公司有創意、有能力，去推動公益的社會性廣告。也給了企業界一項新知，亦即：廣告不只是私利性，也具有公益性。也就是說，廣告設計可以做商業性廣告，也可以做公益性廣告。廣告可作為手段來求利與行義。

由於董事基金會的委託，開啟了聯廣以及整個廣告界，關於「廣告可做公益」的認知。嚴道先生給了廣告人及媒體人機會，重新認知廣告的功能。

發起成立「台灣公益廣告協會」

有關公益廣告的概念，日本電通公司出身的植條則夫，提供給我不少成功案例。我們兩人是透過其著作《赤裸的電通》而認識的。因為他在書中所提到的台灣之廣告現況，與我的認知及現實有微差，讀後我去信說明，幸獲回音且由此成為了朋友。

事後他持續介紹「日本公共廣告機構」，並連年寄送該機構的年報。受其鼓勵，筆者遂與陳嘉男及徐重仁發起成立「台灣公益廣告協會」。在二〇〇三年的成立大會上，邀請植條則夫來專題演講，與會者包括企業廠商、媒體、廣告業及學術界等，大家莫不大受鼓舞，反應熱烈。植條則夫給了台灣機會展開公益廣告活動，筆者深深感謝他。

在籌備期間，吾等也廣泛邀請廣告主、媒體及廣告代理商加入。其中有家在商業廣告享有盛譽的國際性廣告公司，三度拒人於千里之外。報告發起人徐重仁時，他深表不以為然地說：「廠商和客戶都參加的活動，廣告代理怎可不參加？」後來將此經過說給其他已入會的會員聽，大家也眾口一聲感嘆：「太小氣！」「太勢利眼！」

以廣告來推廣廣告，眾家媒體、多數廠家都首肯贊成。公益廣告的推行是廣告代理、廣告媒體與廣告主三方的共識，有此共識方得以順利推動，來減少或減除社會上快速蔓延的使人心不快的失序行為。此類型廣告藉由社會公眾切身利益主題，喚醒人心，發揮道德教化作用，也使得廣告人（廣告代理人、媒體人、廣告主人三方）有機會執行自己的社會責任。

此公益廣告協會，在非營利的前提下，會員們盡心盡力，突破問題叢生的社會和諧障礙，實在值得社會大眾鼓勵。而個人能籌組成軍，實在應該感謝給我機會的陳嘉男、徐重仁，及植條則夫等三位人士。其中徐重仁先生又給我機會，去擔任「好鄰居文教基金會」的董事長職務。

擔任好鄰居文教基金會董事長

有一天和許久不見的徐總經理面談，講些行銷事項後，徐總突然聊起題外話，問我可否擔任統一超商7-11最新要成立的公益團體的董事長。對此難得的機會，拒絕的話不免對徐重仁失禮，若接受又怕能力無法勝任。

於是與葉明公商量，葉明公則欣然祝福我。他是毫不勉強、快樂地答應，遂使我有此機會去從事社會工作。只是這件工作並不妨礙我在聯廣的廣告業務。因為超商撥出整個公關單位人員，來從事基金會工作，何況該單位主管是我政大學生王文欣小姐。王文欣做事能力強，學識豐富，修養足夠，值得信賴，於是我就答應了。

在好鄰居基金會近十年，所從事社會工作不勝枚舉。憑記憶，能想出下列幾項：（一）清潔世界，環保台灣。（二）搶救百年老店。（三）遴選身障青年赴日Duskin研習。（四）遴選學子赴日本高島屋百貨學習等。

清潔世界，環保台灣

其中「清潔世界，環保台灣」是配合世界活動而舉行的，也是敦親睦鄰的好鄰居活動其中一項。為此筆者遠行到澳洲墨爾本，會見世界活動總部執行長伊安・基南，欣獲嘉許，加入其「世界清潔活動」之一員。

伊安・基南是位律師，又是帆船駕駛高手；他每到世界各著名港灣，總使他覺得自己家鄉港灣像垃圾港，深感慚愧；於是他自己開始動手去撿家鄉墨爾本港灣的垃圾，漸漸引起好奇者追隨，就這樣蔚為風潮，由一港擴及數港，延燒到全世界各港灣。

在淨港活動方面，尚未延燒到高雄港、台中港、基隆港，卻讓聞風吸氣的好鄰居文教基金會，搶先來推動台灣全島的清潔活動。

好鄰居文教基金會的年輕志工，與台灣各地社區營造協會聯絡，逐年進行港口、三角洲、車站等地的「清潔台灣」之社會服務。猶記得第一施行地點是在淡水捷運站，活動領導者是時任立法委員的蕭萬長。他讚許「清潔台灣」活動與世界同步，感佩志工們放棄星期休假日，投入環保台灣的社會服務，並配合世界性清潔活動，讓世界看見志工們的無私愛心，為台灣爭光。

搶救百年老店：不只傳承，更讓老店有新氣象

好鄰居文教基金會所推行的「搶救百年老店」活動，協助店主找出有意繼承者，使台灣古早好味能持續溫馨百代。搶救活動的結果有下列諸項：一是店主找到了下一代回到老店當頭家，二是店面更新、配備更新，手法更新，使老店有了新氣。

這些老店更新後，目前仍持續經營著，且獲顧客好評。據筆者所知者，有宜蘭頭城芋頭冰店、新北淡水溫州餛飩、台中豐原鹹蛋糕、桃園中壢肉圓店、台南訂婚禮喜宴、高雄旗山冰淇淋店等。名單若有遺漏則是筆者因年老失憶所致，祈請原諒。

好鄰居文教基金會所提供的搶救服務，有市場行銷、經營管理及財務支援等。是由業主自行提案、執行，基金會只是從旁協助而已。透過此次機會得以

與東西南北食品及餐飲店見面交談，更深植台灣情於心中，個人成長不少。

遴選身障學子赴日學習

好鄰居因統一超商關係，獲得愛心輪基金會之捐助，十年遴選身障學子赴日學習日本身障教育實況。這是免回報的獎學金，而往返機票，及在日之學雜、食住、交通等費用都由日本愛心輪基金會負擔。

該基金會推行此愛心活動，是在回報三十年前日本身障人士去德國學習，曾獲德國的接納、受教。愛心輪基金會真能「飲水思源，感恩圖報」啊。基金會理事長伊東英雄將所欲回饋的愛心，轉給台灣好鄰居基金會。此種轉嫁機會十分難得，若非有統一超商總經理徐重仁列名於好鄰居基金會董事中，焉有此幸運？

好鄰居基金會的留學生，名叫林君潔。是大家心疼又擔憂的玻璃娃娃，她能否支持一年的苦行呢？一年過去了，她學有所成，平安歸國，眾人才放下了心中大石頭。

其實，林君潔在日期間，筆者每季都去探望她。見到她笑嘻嘻的面孔與活潑的動作，心中疑雲頓時一掃而空。

看留日學生的生活快樂平安，學有增長，心中之感動欣慰油然而生。為此，筆者深深感謝高清愿總裁及徐重仁總經理賜我機會，增加人生歷練。

好鄰居基金會曾搶救台灣的老店，聲譽卓著，使基金會志工認識到「助人為樂」的真諦，也以實際行動來實踐「助人為快樂之本」。俗云：「助人者人恆助之」，也能形成善的循環。行善中會有善言傳播於社會，人人會更嚮往之。

日本高島屋百貨聲名遠播於美洲、亞洲，今歡慶百年週年，提供獎勵金，歡迎有駐店的各國青年，前往日本學習商店行銷、店員培育，其在台的委託代理人，就是好鄰居基金會。

高島屋基金會為開店百年紀念提供獎助金，嘉惠香港、泰國、新加坡、台灣等地學子，對象不限，獎助一律同等。於是好鄰居基金會就辦理遴選事宜，聘請前國科會副主委謝克昌等七名來進行評選工作。

2001年起，統一超商好鄰居文教基金會與日本愛心輪基金會、日本身障振興協會專案合作，每兩年舉辦「身障領導人才培訓計畫」台灣區代表招募活動，2004年通過好鄰居基金會甄試的林君潔，是大家擔憂的玻璃娃娃，她收穫滿載地安然歸國，衆人都十分為她開心感動。

所幸送往日本高島屋百貨研習的台灣青年，一年下來都表現得非常出色，品學兼優，深獲主辦者激賞。其中研習的專業，包括皮革設計、櫥窗設計、玻璃設計、店面禮儀、包裝設計等。

高島屋百週年慶典活動，在新加坡舉行結束典禮，筆者應邀參加並致詞。會後高島屋百年慶祝活動主委，對首屆研習員董雅卉小姐說：「聽了賴先生演講，台灣對研習生的照顧無微不至，鼓勵無以復加，其他國家未必如此。」董雅卉說：「我感到驕傲！有『好鄰居』做後盾。」

董雅卉小姐目前執教於實踐大學；她日前仍表示感謝好鄰居基金會，給了她那次機會。

扶輪親恩獎學金，鼓勵青年學子

機會有時是自創的，有時是人給的。筆者在扶輪社三十多年，從事社會服務，有許多的服務機會都是他人給予的；例如親恩教育基金會的工作，每年要頒發獎學金給雙親雙亡卻品學兼優的大學生。

該基金會之工作重點在於募款基金，也在於發放獎學金給大專學生，而其發放對象則限於雙親雙亡的大專生且要品學兼優。此三項工作連成一氣，頭尾要靠自己努力，最難之點在於符合條件學生難找，需要品學兼優，又要雙親雙亡。

有一年，社友陳俊鋒被推為社長，筆者受其任命擔任「扶輪親恩獎學金委員會」之主委。名單來自台北市區內的大專院校，至於發放與否，則依社友組成的審核小組，進行書面審查，及口頭面試，過程相當嚴謹，以防有遺珠之憾。

陳俊鋒社長任期做了一年，照扶輪社規定，筆者也要下台一鞠躬。誰知下一任社長吳昆民上台，也邀筆者上台任親恩主委；一年期滿與吳同退。雖退得俐落，卻又被王振堂社長拉上台任基金會主委。就這樣，「一年一任」的主委一職，一口氣做了三年。好在這並未違扶輪法規，因為是一年一任，連續三年，而非「三年一任」。

能得如此扶輪服務機會實是難得。募款、審查、頒發都需要全神貫注，以免有遺漏。能否獲取此一獎學金，影響受獎學生的家庭幸福、個人前途，茲事體大，豈可不謹慎！

獎學金的頒發典禮，選定在一流的國賓飯店舉行，邀請扶輪社北區前社長幾位來作陪。如此安排，乃是為準備國家未來主人翁，早日接觸較高級的環境、物品、食物，培養宏觀視野、氣度和雄心。

為處理扶輪親善獎學金工作，使我對貧寒家庭、失親家庭的學生，產生更多關心，更厚同情。這是前社長陳俊鋒給我機會才有的。

在多年前，每當例會的日子，就會見到孝順的陳俊鋒青年，以輪椅推其父親來參加。眼見此景，感動於心，乃推薦陳青年加入北區扶輪社。他入社以來，對扶輪社知識、扶輪服務等，表現優越；並曾任扶輪地區總監，卓有貢獻。此外，對於扶輪的國際服務也有其特殊功績。陳俊鋒先生給我機會獎勵親恩，年年頒發給符合資格的大專生此獎學金，一共做了三年，甚有收穫。

明梅廣告策略競賽獎助金

為了獎助大學生，筆者曾以「明梅廣告策略競賽獎助金」來提升三所大學廣告學系的學生。獎助金的來源是內人和我省吃節用的家常費用，我內人的貢獻尤多。以廣告策略來解決社會問題為主題來分組競賽，一組以七至九人為限，評審就由學校教師與企業專家組成。

其主旨在培養學生：（一）懂得學以致用。（二）體會團體力量大。（三）留意學術不脫離現實。（四）提升思考能力、創意能力、表達能力等。三所設有廣告學系的大學是：政治大學、文化大學、輔仁大學。競賽方式是：一為各校舉辦，二為三校校際競賽。

此競賽活動舉辦了十多年，參加的學生莫不深深感受到學與術的結合很有價值。畢業多年的學生聚在一起，仍然會興高采烈地談起當年明梅廣告競賽的往事。聽他們之七嘴八舌，我也陶然於過去教育學生之樂事。

真要感謝內人「將鮮花變成獎金」的創意，與其十多年犧牲小我的節儉。也要感謝王洪鈞教授就「女人內衣表演」做新商品發表之准許。這是王教授兩度給我機會，一是內衣表演可為新商品發表會，二是祝賀就任以獎學金提供來代替鮮花。這種機會是難遇的，而變通的創意也是難求的。感謝王洪鈞教授給我機會教學助人。

總之，此生八十多年，能獲人賜給機會而去助人成長，實在榮幸。

由賴東明夫婦提供的「明梅廣告策略競賽獎助金」，1993年在文化大學廣告系舉辦，當時提案比賽的評審為（前排左起）動腦雜誌社長吳進生、智得溝通副總經理張百清、文大廣告系助教張文瑜。

上：好鄰居文教基金會所推行的「搶救百年老店」活動，協助店主找出繼承者，使台灣古早好味能持續溫馨百代。

下：台灣公益廣告協會由聯廣董事長賴東明（左四）、台灣英文雜誌社社長陳嘉男（右四）及統一超商總經理徐重仁（左三）於2003年共同發起成立，2012年義美總經理高志明（右三）接任協會理事長。

關鍵時刻自助人助：帶領台灣廣告產業走進國際的人

台灣歷年來受困於國際關係之泥淖，無法自由地展翅飛進國際組織，就在「政府對政府」之間的尷尬中被拒絕。不過「民間對民間」之間，或有可能讓台灣人加入其中。

雖然說「或有可能」，卻也十分艱辛。民間領袖付出的力量不知幾許，高過高山，深過深海，如無國際社團善良友人相助，何以得成？

有錢出錢，有力出力，共渡難關

國際扶輪社要舉行年度大會前，必先舉行會員競賽。台灣在一九九四年幸得日本、南韓扶輪社支持，取得主辦權，且舉辦成功，「乾杯在台北」的年度口號響亮國際。

中華民國「國際行銷傳播經理人協會」（簡稱MCEI）在加入聯盟成為會員時，曾獲水口健次領導的東京MCEI支持，在舉辦台北年會時，也獲得東京、大阪兩會的協助，使「元宵燈籠」外傳到瑞士、比利時、法國等。

而MCEI台北分會，也曾組團去參加瑞士日內瓦年會、比利時安特衛普年會、澳洲墨爾本年會等。在墨爾本年會時，因為擔心預算出現赤字，該會會長拿出自己的作品來拍賣，MCEI台北分會則捐出布袋戲偶關公，來共襄盛舉。筆者個人則標到該會會長作品《樂團》彩畫。如此，在各分會的熱烈相助下，解決了墨爾本年度大會的經費。溫馨！

求助時應要先自助，才會有人助

在安特衛普開會時，採先觀光後開會的方式。先是東京與大阪兩分會，與台北分會在法國巴黎會面，而後向北沿路參觀企業。參觀的企業有酒廠——整個村莊房子的地下室都是酒窖，每每遇上十字路必見聖母雕像，猶如台灣土地公佇立於三岔路口；也參觀了ＰＰ手錶組裝廠——廠房位在山腰，面積不到百坪，廠家說其產品主要銷往東亞，估計市占率約四分之一，現場來賓一聽紛紛緊張地看了看自己手錶。

總之，參訪了四、五家知名企業，也觀光了沿途歷史古蹟。東京、大阪與台北的三分會行銷傳播人員約三十人，在車內一路交換彼此觀看心得，笑聲此起彼落，真是值得回味的旅遊！

到了會議地點，許多會員都爭先恐後報到，然後就去採購鑽石，因為安特衛普是世界著名磨石之地。ＭＣＥＩ在全球有聯盟組織，而亞洲各國的廣告同業也有聯盟組織，稱為「亞洲廣告聯盟」（Asia Federation of Advertising Associations，簡稱ＡＦＡＡ）。ＭＣＥＩ以都市為單位結盟，而ＡＦＡＡ則以國家為單位結盟。

台灣曾在一九六六年主辦過第五屆亞洲廣告會議。因為台灣的政治、社會、經濟、廣告都已轉型成功，卻有一個稚齡愛吵的國家，大聲疾呼台灣不是國家，不得有主辦權。

這使台北市廣告代理商業同業公會的時任理事長沈達吉，與接任理事長胡榮門及理事們大感不悅，於是向ＡＦＡＡ理事們據理力爭。就在爭取無望時，日本代表提出「未繳會費者不得有發言權」一語，而獲同席各國理事長同意，反對無效。在這種狀況下，台灣終於得獲二〇〇一年的主辦權。

會議舉行之前，筆者曾到各個會員國訪問，最遠甚至到了蒙古烏蘭巴托、印度孟買等地。值得一提的是，籌備會議事宜期間，國內外還發生了諸多意想不到的狀況，包括：美國紐約雙子星大樓遭遇恐怖份子劫機撞毀，以及台灣政府由國民黨掌權變成民進黨執政等。

正在憂慮講師、團員不敢搭飛機前來時，又得知台灣新政府當局藉口「預算被前朝花光」，因此「無法補助」。種種無奈之餘，作為副主委兼執行長的筆者只好下令：「開支能省就省，樣樣項目減支15％。」如此，懷抱著忐忑不安的心情盡力籌備，亞洲廣告會議台北大會終於能如期完成。

結果是國際報名參加者略有減少，但可喜的是增加了更多台灣廣告人；此外，補助款雖然減少了，但交通部葉菊蘭部長的一句話：「老長官來求助，

2001年亞洲廣告會議迎來貴賓黃志鵬秘書長（右一）、施振榮董事長（左一）於國際會議中心。

上：2001年亞洲廣告大會在台北，當時負責統籌大會的執行長賴東明先生，親手升起會旗，希望三天大會能圓滿成功。

中：1999年任廣告公會理事長期間，爭取到亞洲大會主辦權的沈達吉，和2001大會執行長賴東明握手致意，揭開序幕。

下：日本代表的電通常務董事石川周三（中），同時也是IAA世界廣告協會祕書，曾在AFAA理事會上，主張「不盡義務者不得有權利行使」，是當時幫助台灣取得亞洲廣告會議主辦權的重要推手。

我要支持。」鼓舞了其他相關部會的關心和幫助，此會議活動開支才不至於出現赤字。甚且台北市廣告代理同業公會還能將此次活動餘款妥善運用，作為購買本會辦公場所之費用。

另一結果是日本代表的電通常務董事石川周三，在AFAA理事會的「不盡義務者不得有權利行使」之言，日後獲總統陳水扁的授勳榮譽，這表示台灣的最高謝意。這是台灣廣告人自助後得人助之最好經驗。

開拓台灣市場視野的推手

要將台灣打進國際市場並非易事，台灣精品獎在這方面也十分辛苦。台灣對外貿易發展協會舉辦台灣精品獎選拔，協助得獎廠商開拓國際市場。二十幾年前，其名稱為「市場拓展協會」，後來擴增會員，邀請學者入會，故名為「中華民國市場學會」（CMA）。

聯廣因業務上的需要，加入該組織，筆者幸而在幾年後出任領航職務。在任期間某天突然有客來訪，表明是日本市場協會（JMA）執行長，來意是該協會將屆三十週年，務請我們派員赴日共襄盛舉。其來訪聯廣是因該協會有會員電通、博報堂等單位推薦。

知悉ＪＭＡ日本與ＡＭＡ有來往，頓覺應讓ＣＭＡ有機會參與國際機構，彼此往來。然而，來賓濱田嘉昭是針對聯廣而來。身為聯廣總經理，又是ＣＭＡ理事長的筆者答應，將派聯廣員工前往，並在ＣＭＡ裡面組團參加。ＪＭＡ執行長濱田嘉昭對此提議表示感謝。這位ＪＭＡ執行長在任職於電通市場局次長時，被ＪＭＡ理事長鳥井道夫挖角去籌組ＪＭＡ。

鳥井道夫是日本著名酒廠「三得利」的副會長，是創辦人的三男。該週年慶大會在東京六本木三得利大樓舉行，內有大會堂，可舉辦大型會議、音樂會等活動。

來自美國、泰國、星國、澳國、馬國等地的專家學者齊聚一堂，同心恭賀ＪＭＡ成立三十週年喜慶，同唱〈祝你生日快樂〉，多國語言自唱自樂，好不熱鬧。各國團長和貴賓們正在閒聊時，突然房門大開，只見身材魁梧的鳥井大會會長，引領短小精悍、滿臉笑意的男士進來。鳥井會長說：「這位是皇太子，來向各位表示敬意。」

當大會執行長濱田嘉昭向皇太子介紹我時說：「這位賴先生，從台灣來的。」接著我開口：「歡迎您來台灣度蜜月，這是十分值得懷念的島嶼。」他聽我說到這裡，突然開口問道：「您為何日本話講得這麼流利？」緊接著又說：「謝謝！我願我能去！」不知皇太子至今是否仍記得，十多年前筆者說過的話：「台灣是度蜜月的好所在」？不過，筆者卻很高興能有機會為台灣打知名度。

之後隔一段日子，JMA執行長濱田打來電話，邀請參加在曼谷舉行的市場行銷會議，並要求推薦講師一名來談商品通路。此事似乎難不倒我，實際上卻還是難倒我了。

因為當時台灣新型通路——便利商店，已勢如破竹地有幾個品牌競爭設店。而難倒我的則是不認識任何一位經營者。於是我在選擇講演者時定了幾個標準：一是最早設立者，二是最多設店者，三是最有外語能力者，四是最具說服力者，以上四項。經過東問西問，最後找到了統一超商7-11的總經理徐重仁。

高興之餘馬上寫信邀請。不管素昧平生，只為台灣在國際上顯名。忐忑不安的筆者，卻在事隔幾日後得到回音：徐總願前往泰國曼谷的市場行銷大會擔任講者。這是筆者與徐重仁總經理交往之始，真的是意外機緣，事出偶然。迄今三十多年，筆者仍享受著我倆歷久彌新的溫暖友情，真是自覺三生有幸。

亞太行銷聯盟的成立

有一年鳥井道夫先生說：「可否設置一團體，以促進亞太多國的市場行銷學識、經驗等。」一眾人聽畢鼓掌贊成。不久，亞太行銷聯盟（APMF）即宣告成立。

APMF成立的首要工作，就是舉辦「行銷專家認證」，以方便會員國企業找到人才。這制度有益於解決企業與專才的媒合。為推廣APMF的專才認證，聯廣提供了會議室、祕書人員等。上課的講師由當地聘請，以英語講課，考試則由新加坡負責。在台灣的講師有黃俊英、許士軍等幾位教授，祕書人員則由江乃靜出任，辛苦準備教室、茶水，以及電燈的開與關、大門的安全等。

有上課的日子，就有江乃靜的加班，她常是助人為樂的。獲得認證而快樂的人有三四位，藉此認證而很快獲得機會者二三位。在市場國際化聲浪中，有一認證可方便市場行銷專才來往於亞太各國，真會讓人心動的。

有助益於人的制度，方法應傳承。筆者兩任任滿就將任務交出，未知後來有否傳承？但願有之。

東北亞三國大學學生競賽

說到有關團體參與國際競爭比賽，就會想到大阪國際學院的教授植條則夫，他是電通的創意總監；他在三得利副會長鳥井道夫主持公司宣傳廣告部門時，擔任電通大阪的總監，為三得利公司的公益形象努力，成效良好，因而被拉去籌組公共廣告機構，擔任專務理事的重要職務。

植條則夫在電通任職時曾出版《赤裸的電通》一書，筆者在國華廣告任職時讀到該書，其中某段敘述到台灣的廣告業務之興起，國華廣告受電通吉田秀雄社長之鼓吹而創投等，與事實有所偏差，乃去函求解。很快地即接獲其回函。沒想到，我倆竟因此機緣結成朋友，直至於今。此間他獲得博士學位。

三年前，韓國釜山有女教授持植條則夫教授介紹信來訪。來意是，釜山市從一年前開始推動城市行銷，今年將舉辦東北亞三國大學學生競賽，題目關於公益廣告，請派員參加。

台灣公益廣告協會義不容辭，趕緊通知會員及有廣告系所的大學。然而，報名並不踴躍，唯有政大研究所學生報名。筆者乃率此學生團往釜山與會。參賽者，韓國有四隊，日本有二隊，台灣只有政大一隊。結果，政大隊獲得第二名，在七隊中表現優越，誠屬難得。台灣的政治大學能於海外揚名，真令人深感興奮！

多方取經，精益求精

聯廣在一九八〇年代，連續邀請世界著名的廣告作品獎的主辦者來台演講，並觀賞廣告作品。三大獎之CLIO獎、NYF獎及坎城獎等都來過，滿足了廣告人的求知欲，並激起台灣人的鬥志。

唯獨日本ACC獎沒有邀請到，令人期待。因此，在無人牽線下，筆者仍貿然去函邀請。在其召開理事會，提及此一邀請時，大家都興趣缺缺，殆因不知台灣為何物也。事後聽植條則夫之言傳，當時有位新人自告奮勇，表示願意前往台灣這個廣告製作界的「不毛之地」。

此人正是東映CM社長本田勝，就是那位將業績一落千丈的子公司，以笑臉革新而使其振衰起敝的東映映畫公司勞工部長。

本田勝社長曾對筆者分享其治理公司的方法：

一、員工非部下，是同仁；早上一上班就對大家露笑臉問早安。

二、不用社長辦公室，而是在大廳與同仁一起辦公相處。

三、有功者重賞，派其至先進國家觀摩。

本田勝社長之後來台幾次，在聯廣主辦下舉行了日本ACC獎觀賞會。聯廣也努力於其廣告業務。聯廣的努力獲得報答，為客戶製作的《熟悉的聲音》

廣告獲選得ＡＣＣ獎。

總之，台灣的廣告產業，受到日本電通時任社長吉田秀雄的鼓勵而成立。成立的國華廣告公司在起始時，受到電通公司的業務合作，作業指導，實是有幸。

受人幫助，又有創辦者、經營者之自我經營，於是廣告產業迅速躍出於企業界，受人驚嘆、羨慕，實在不易。

台灣窘迫於國際舞台，卻仍不斷努力發揮實力，可感可佩。當然，台灣廣告界所幸能獲得國際友人的支助揚名於國際上，更是難得且感恩。能有這樣成就的確不簡單，應向國際友人深表感謝，也應向自家廣告前輩鼓掌致敬。

從僵局到希望：向電視蓬勃發展年代勤事敬業者致敬

台灣的電視事業起源於一九六二年，當年電視事業由台灣電視台獨占市場，開播時期，電波只達苗栗以北。在第二台中視開台後，電波才覆蓋全台，且提供彩色服務的視聽享受。

三台寡占台灣電視市場的時代

台灣電視台是由台灣省政府投資而成，再配以民間小股東，如台灣水泥公司、台灣玻璃公司等；第二台的中國電視台，則由中國國民黨為主，與中國廣播公司、正聲廣播公司等共同投資；第三台的中華電視台，是由教育部與國防部合作投資，配以民間企業聲寶公司等而成立。

所以，三家電視台都具有政府（即執政黨）之濃厚色彩，三台寡占了台灣市場；實際上，就是三台聯合獨占台灣市場。

台視台因最早成立，所以獨領風騷多年。雖然播出範圍，只占台灣三分之一多，但廣告仍滿檔難安插。員工薪水非常優渥，單月領單薪，雙月領雙薪，使人羨慕至極。

但是，在獨占的型態下，由於廣告主一檔難求，因此出現了進貢的狀況，要上檔次須招待舞場一次；這是暗規，卻是公開的祕密。在廣告廠商、廣告代理心底裡，深惡之、厭之，卻又不得不理會。

後來中視成立，電波範圍擴及全台，又以彩色播出，在廣告代理的作業上，多了一個進攻目標，於是台灣電視台業務就日漸下降，霸氣消滅。然而，接著成立的中視台卻有樣學樣，廣告代理人莫不暗暗叫苦，感嘆：「啊，貪心十足的電視媒體人！」

中視又廣又美的電波，深受以色彩為主的廣告廠商喜愛，不多久，就迎頭趕上台視的廣告量；台視見此狀況，頓感威脅，於是加強電波發射，也具備了電波廣、畫面美的條件。

後起之秀華視，讓民衆有更多電視節目選擇

之後，華視成立，想要後來居上，明顯可見。華視競爭手段不以機器等設備來「硬」拚，而專以節目品質、業務內容等軟體力量取勝，與先進市場的台視、中視一決高下。

於是創新的台視、技術的中視、業務的華視，就三足鼎立於台灣傳播電視市場，左右了台灣民眾的視聽；直到政府開放市場，第四台的民視台才在眾人殷殷期盼下來臨。如此，台灣電視市場進入激烈競爭，使民眾有了更多選擇機會，這是民眾的幸福。

雖說電視三台寡占了視聽市場，卻沒有形成均分大餅局面。後進的華視，分食市場談何容易。正當台視和中視安然享受其營收的狀況下，華視也努力尋找進入市場的利基，那就是在其副總蕭政之領軍下，擴大展開業務活動。

聽說蕭將軍在訪問客戶時，曾經因為沒有事先預約，以致在對方的會客室

裡枯坐兩小時，才見到剛開完會的總經理。

這對軍人出身的蕭將軍而言可能很不習慣，因為身為中將級的他，從來只有人等他，哪裡有過他等人！

不過，從另一角度來看，蕭副總是業務主管，為了身先士卒衝業績，想必這樣的枯坐窘境，雖非司空見慣，也是常有。為公司業務如此不計較身分地位，放下身段，實在讓人同情，卻也令人深感讚佩。

蕭政之由軍人中將轉變為華視副總，卻能如此勤於事，敬其業，傳播人或廣告人等都深受感動。華視的業務，能由最後成立之「初犢」，卻「不畏虎」，進而變成與其他電視台齊頭並進，蕭氏爭取業務的積極進取，實有以致之。

值得稱道的是，華視台節目策略，採取台灣民眾故事為主，實正中大眾下懷，因此頗受歡迎。因為有高收視率，就帶來了廣告滿檔。如連續劇《西螺七崁》，讓華視台業務臻於鼎盛，大大威脅到了台視、中視。

華視台副總蕭將軍之積極作為，鼓舞了華視台全員士氣，而其氣勢則壓制了其他兩台。兩台中的台視歷史最久，所受壓力應是最大。

台灣電視台總經理石永貴勤事敬業的人生觀

台視本一尊獨霸，致使養尊處優之心態，積習難改。然而，衰敗王朝總有忠臣出現，這個人就是石永貴先生。石永貴先生擔任台視總經理前，曾在《新生報》任社長。他曾有過二報、兩台最高主管的經歷，有過讓營收業績由衰轉旺的成就。

他在擔任台灣電視台總經理時，因電視三台競爭激烈，要維持「看新聞就看台視」的美譽，又要增加廣告業績，每日奔波於樓上、樓下，馬不停蹄於電視台和客戶之間。

石永貴總經理求好心切，為增加廣告營收，積極鼓勵業務部員工努力衝業績；並在下午五點左右，親自坐鎮業務部，一方面鼓勵當天廣告訂單提早進來，一方面了解累積之營收狀況。其兢兢業業，實在了不得。

石永貴總經理不僅止於在台視以其急性子作風提升老台低迷士氣，後來任中視台總經理時，也創造了該台員工高士氣事蹟。記得中視買進《阿信》連續劇時，曾邀筆者去商量。《阿信》節目是在日本NHK上映的，無商業宣傳的必要；然而，台灣的電視卻全是商業性質，為求其差異化，並融入同質化，有必要在台灣播放《阿信》節目時，注入一首主題歌。

石永貴總經理認為有道理，就爭求配歌。於是，那首轟動全台、膾炙人口的〈感恩的心〉，就與國語配音同時上演了。猶記得討論此事時，石總那打破砂鍋問到底的認真態度，令人由衷敬佩。

石永貴總經理，也曾任《新生報》及《中央日報》的社長，是值得信賴的人，才有此機會高升。《新生報》和台視皆隸屬於台灣省政府，中視台和《中央日報》則屬於國民黨所擁有。

總之，石總勤事敬業的人生觀念、企業理念、行銷概念等，頗值得我們學習。

《聯合報》的廣告分版策略

電視台在「家」數少、競爭少的保護下，其時間有限的廣告時段當然無法滿

日本連續劇《阿信》在台灣紅極一時，成為台灣人的集體記憶，主題曲〈感恩的心〉傳遍大街小巷。

足廣告廠商的要求。因此，在這種供不應求的情形下，隨意漲價是必然的了。

一九七〇年代，台灣經濟突飛猛進，外資廠商進軍台灣，要求充足的廣告媒體，以進行自由競爭。在這種狀況下，《聯合報》創出了「分版」策略，以解決當時的困難。

《聯合報》的廣告分版策略，解決了廣告代理商爭取版面的競爭。《聯合報》在新聞不分版、廣告要分版的不得已策略下，採取打折方式，銷售版面分隔的面積。於是第一頁有A版與B版之分，或A、B、C、D版四個等級。

原來的第一頁，廣告版面有其固定價格，如今因分版，其原有發行份數，勢必分為二版或四版、八版，甚至十二版。因一頁出現多版，故其原有價值就減損，因此以打折來計算分版價格。如此，一大包分裝為幾小包裝，對《聯合報》的廣告收入，不但未減，反而微增。結果，《聯合報》的此一策略可謂成功。

另一方面，對廣告代理商而言，此策略讓原本的廣告版面難求的窘境，變成容易取得的順境；雖然其所代理的每一則廣告金額減少了，但積少成多，只要勤勉爭取，代理業績仍可獲得保持。

此「分版策略」，依《聯合報》媒體策略創意人楊仁烽副總所說：「實非不得已，然不得不也。」其用意在解決版面擁塞問題，期使眾廣告代理商能有生存的機會。是故，各廣告代理商雖不甚滿意，卻仍大表歡迎。

楊仁烽副總執事勤為，盡忠職守，以仁對應，烽火救業。對《聯合報》，對廣告業，各得所需，滿足其要。將報紙受限狀況，從其篇幅問題，轉為分配問題而加以解決，實是善政。

同在此時機，報紙有「分版問題」，苦惱著廣告代理商；在電視方面，則有「搭配問題」，刺激廠商與代理商的頭腦轉彎。

在經濟起飛的一九七〇年代、一九八〇年代，廣告的數量日益增加，於是電視節目與廣告時段，在在呈現爆滿狀況。此時，廣告代理商意氣風發，但也常垂頭喪氣。

因為雖有大量廣告代理機會，卻擠不出廣告播出時段。電視台受限成立，形成了小孩轉成大人的窘境。

在台灣經濟起飛的年代，廣告廠商業務蓬勃發展；然而，其代理商卻窘困於報紙的「分版」、電視台的「搭配」而兩難。如同其他先進國家所呈現的情景，廣告業務與社會經濟發展的腳步是一致的，是同榮共盛的。

聯廣公司在一九八〇年代時運俱佳，但當時報紙廣告的效果，受到福特汽車的質疑。某天早上八點鐘，二三人提早上班。電話響起，拿起就接聽，誰知對方傳來英語，是福特汽車公司總經理，質問：「今早買了四份《聯合報》，都不見福特汽車的廣告。」接電話的專員回應，這可能是分版產生的問題，答應將蒐齊今天所有版面的《聯合報》專程送過去。

所幸在當天八個版中，有一版出現福特汽車廣告。總之，當時廣告交易的現狀就是：生產者「大包裝不賣」，只賣小包裝給需要者。

中視的時段搭配策略

又有一天，聯廣媒體處徐武男哭喪著臉回來報告：「中視台業務員說有飯大家吃，聯廣不該拿那麼多檔次。如要之，則一個A時檔，要搭配兩個C時檔！」

徐副理報告說：「中視台可謂忘恩負義，不想想創建初時，為了支持其開播，該台中午時段的連續劇節目，整條一線全是聯廣包下來的。」一之後，台灣經濟發展，中視事業成長，要求開放廣告檔次的廠家愈來愈多。中視台面臨此旺氣，苦於分配，乃創出「時段搭配」策略。

如今中視台已由弱轉強，且掌握時段分配權，而聯廣也業務日漸繁榮，且是代理廠家去爭取檔次，卻受到中視台以「有飯大家吃，是民生主義的道理」之阻擋，聯廣要自求其他方法，以自我解決，達成自己設定的目標。所以說，「時段搭配」策略雖有其考量因素，但業界也叫苦連聲。

為人作嫁衣裳真辛苦，有口難言，只好有淚自吞。廣告人遇此挑戰，只能心存感謝，感謝有此機會更勤事敬業，愈挫愈勇！

走過戒嚴與報禁：協助媒體生態開放與改革的人

開放市場貴在自由競爭，如今台灣已在一九六〇年公布《獎勵投資條例》，歡迎外資進來，雖然這項開放政策帶來的外資會與本土台灣廠商發生競爭。但競爭上的重要手段——「廣告媒體」，卻受限於「戒嚴法」，而無法盡量使用。

當時，台灣的三台電視台，也受戒嚴法令保護，未能盡情發揮自身特色。雖然在亞洲廣告會上，常聽鄰國誇讚台灣的廣告非常好看。不過，那是因為鄰國廣告人僅僅看到「優秀的得獎廣告作品」這一面向，而未觀察及於台灣廣告媒體落後之處。

三強逐鹿的電視時代

台視事業剛起步時，是十分不被看好的廣告媒體，因為電波範圍僅涵蓋苗栗以北。到了中視台開播，投入收視率戰爭，兩家電波才遍及全台灣，且都有彩色播出。後來華視加入市場，三強逐鹿之戰況更為激烈，這或許更有利於廣告代理之媒體選擇。

但其實未必有利，因為當時台灣的經濟成長突飛猛進，眾多商品爭著要廣告媒體的時間與版面，供需失調，糾紛時起。

有這種背景，就要行政管理。從國外調回來的劉建順，上任廣電處長後，特別著眼於電視管理──因為當時地下電視台氾濫，廣播內容也有怪力亂神之憂，劉處長遂邀聯廣人來，為此議題懇切商談。這是因為當時的聯廣在廣電媒體界，託播廣告業績屬一屬二之故。

聯廣的業務代表人，是身為總經理的筆者，故有機緣常和劉處長談論廣電媒體現況。我們都認同，若要修正當時的廣電亂象，就必須訂定法規並嚴厲執行，也須提升從業人員之素質、理念與胸襟等。

劉處長做事明快，分析周到，不多久就抓出廣電法修正草案；經過作業程序，終獲立法院通過。有法規固然好，但該如何去執行該廣電法規呢？

劉處長眼明手快，立即邀請業者五六人，連續四五天開始修正《廣播電視製作細則》。此細則，就在法規公布後付諸實施。

在成為劉處長的座上客前，筆者常受邀去新聞局觀看被檢舉的廣電廣告作品。檢舉來源有「萬年國代」，有競爭對手，有閱聽大眾等。

來自競爭對手的檢舉最多。筆者感嘆：為何不遵法製作？違法的情形何其明顯，是知法犯法或是不明法規以致誤犯？曾將這些心得，提供給劉處長主持的修法會議作為參考。

因去新聞局次數多，且多在上班時間內，所以筆者常要求，以後在下班後前往。檢驗時秉持說詞客觀、公平、明確、美觀、積極等原則，多角度進行。心中標準既定，就會發現檢舉人多有偏心、故意、誇大、無的放矢等心態。

廣告檢驗的過程

電波是公有的，有人卻偏心，想將其占為私有，而明目張膽強言：「民主在於言論自由。」但是，那些人卻不明白民主自由應該留在法律規範之內。

有人檢舉一支電視廣告：《只要我喜歡，有什麼不可以？》，檢驗結果：（一）廣告訴求不完整。（二）如被說成：「只要我喜歡，殺人，有什麼不可以？」則後果堪憂。後來，該廣告就被要求下檔了。

有人提出申請：「內衣穿在裸身上，可否動身以求效果？」檢驗結果：（一）這是女性用品，女性占全國人口將近半數。（二）內衣穿在使用人身上轉動是合理的，但不適合於公開展示。最終結論：可在電視上做廣告，但限在夜間九點過後。

有人提出申請：「女性用品的衛生棉，可否上電視打廣告？」檢驗結果：（一）女性占人口之半。（二）既准進口則應准其行銷。（三）請廠家提出腳本。

上述被檢舉的廣告被要求下檔，後二項女性用品則從爭議變成可播出，但受若干限制。

經過劉處長的多方處理協調後，台灣廣電的表現空間比過去寬鬆許多，在創意呈現上也更加自由。他之勤於事敬於業，實在令人懷念。

廣播節目之評鑑

劉建順不僅自己的專業知識、行政手腕及溝通能力了得，其下有一女將洪瓊娟，其辦事風格亦處處可見劉處長之影子。

洪瓊娟副局長現已退休，她是新聞局土生土長二三十年的專員，從科長、副處長、處長到副局長，一路爬升，應是本身勤事敬業所致。

洪瓊娟主持過的工作，有廣播節目評鑑、廣播執照審議、電視第四台執照審議、公共電視董事會選舉，實為任重道遠。這些工作，曾使筆者視野大開，因為與筆者廣告工作關係密切。廣播、電視作為廣告媒體，其訴求視聽效果，將有益於廣告傳播。

有一年有幸被邀請加入「廣播節目評鑑委員會」，其宗旨在提升廣播節目之品質水準，以脫離「空中藥房」之譏。

這個委員會由七至九人組成，成員包括廣播、製作、文學、社會學、傳播等各方面專家、學者。一行人組團前往電台設置地，拜訪電台經營人、製作人、業務人，面對面提問，當下回答。所獲取資料都是這些人當面口頭說出，或是由電視台方提供書面報告。

節目評鑑委員針對口頭與書面內容，提出判斷或建議。責之心其切，但語氣相當溫和。有時鼓勵多責備少，有時批評多肯定少。在評鑑過程中，曾謠言四起，傳出政府藉評鑑要關閉某些廣播電台。

筆者上司葉明勳董事長受邀晚宴，主人提議也請我前往。恰巧，我當日剛好要宴請從美國來台洽談合作業務的來賓。於是先向葉明公致歉無法隨行，並請葉明公轉告主人與客人，評鑑工作與營業執照相關事宜。

憂慮政府將來萬一採取市場開放政策，則廣播電台如何迎接因應？已有台灣市場開放先例，台灣廠商不是被外來廠商搶走大半市場，而責罵政府不事先告知嗎？

葉明公聽後認為茲事體大，一定會告知晚宴座上客，請各個電台老闆了解評鑑委員之用心。之後，政府開放廣播市場，申設者眾多，既有電台獲延照者亦為數不少。

解除戒嚴、報禁後的廣告生態

解除戒嚴後，報禁解除，電視台開放，廣播電台也開放。新聞局快速成立「報禁解除研究小組」、「無線電視台開放審議委員會」，及「廣播電台審議委員會」，筆者有幸受邀加入上述組織。

電視媒體三台之股東有三：（一）台灣省政府。（二）中國國民黨。（三）國防部、教育部。眾人嫌官方、黨方色彩太重，想要有新電視台之民意已形成多年，在解除戒嚴後其聲浪高漲。

洪瓊娟在這種形勢下，胸有成竹，定有其行政因應對策。廣電處長真難當，她卻以明快處事、遙望目標，一步一步落實，來面對它、處理它。她認真從事職務，了解行政任務，是個稱職的行政官員，勤事敬業的人。

總之，上述兩位的工作態度，令筆者覺得在勤事上，在敬業上，真是非常好的學習對象。感謝賜給機會。

在台灣解除戒嚴、報禁後，新聞局快速成立「報禁解除研究小組」、「無線電視台開放審議委員會」，及「廣播電台審議委員會」，賴東明都受邀加入這些組織，也見證了台灣傳播生態的變遷。

廣告科學化：幫助我了解閱聽人心理的楊國樞教授

懷念起當年在聯廣五樓與同仁們並肩合作的過往，多麼溫馨。聯廣成立於一九七九年，是在東海廣告公司的基礎上，加進辜家財務力，及楊氏技術力，形成的戰鬥團隊。因此，聯廣在廣告業界之所以能異軍突起，就是其獨樹一格之「廣告的科學化」。

廣告的科學化

筆者於一九七八年嚮往其廣告作業科學化的理念，而被聘為顧問，就任顧問時的辦公室，就在長安東路的獨棟大樓五樓。

一報到就被告知五樓是顧問樓，已有教授許士軍、黃俊英的辦公間設置。就任後，總經理徐達光與副董事長楊朝陽很快詢問我有何建議。

我回答要推行廣告作業科學化，就要知曉心理，這一門有需要強化。二位聯廣核心人物聽聞之後，詢問：「可有推薦人選？」

筆者於是推薦台灣大學心理學系教授楊國樞。筆者雖不熟識此位教授，但從報章散見的文章，知其學識豐富，見能切實。又常從筆者任教於台大數學系的大哥知曉楊教授夫妻的做人做事。

做過報告提呈後，獲同意。於是楊國樞教授就成為聯廣的顧問，並把消費心理及有關學問帶進聯廣。

由此，聯廣五樓成立，從此開始致力追求「廣告的科學化」理念。

聯廣五樓，顧問各展所長

雖無明顯規定，但從個人擅長就能知曉，例如：楊國樞指導心理方面，許士軍指導行銷方面，黃俊英指導市場調查，而筆者則負責業務、培訓等。這個顧問團發揮了甚大的指導力量，也深受客戶的信賴，楊副董事長、徐總經理也深感得意。

楊國樞教導聯廣同仁而大有績效：其一為面談，以了解客戶之需求；其二為群體座談，以知悉消費者之需求；其三為瞬間顯像器（Tachistoscope）之運用，以了解閱聽人對廣告作品之注目度。

這些技巧與許士軍指導的品牌占有率市調、黃俊英指導的通路年度調查，和每年度的調查等，被運用於客戶服務裡，使廣告客戶的商品品牌、形象、銷售情形，各方面都能使廣告客戶滿意。

客戶掛保證，聯廣好名聲傳千里

聯廣因廣告客戶一傳一、一傳十的口碑效應，業務得以達臻鼎盛。聯廣勝而不驕，更努力聽取顧問之指導來使團隊的代理服務品質更加完善。

因善的品質才有好的印象來滿足廣告客戶的委託，而客戶的滿意委託更會促進聯廣善質的代理服務。

這是服務的質與量之善的循環。是以不必大聲喊爭取量的最大，只要默默力求質的最好，明眼的廣告廠商就會把廣告代理委託過來。

聯廣極力提升服務品質以報答廣告客戶之信賴，每年均有二三次的集體培訓。這些培訓皆由副董楊朝陽主持，楊國樞也會來講解。這個訓練營大大促進了員工的廣告知識水準。

永懷楊國樞教授

楊國樞常會提醒同仁廣告對社會之貢獻、影響，以聯廣人自我勉勵與自我警惕勿過度自傲或自卑。楊國樞除了個人之言傳身教，以其知識及人品指導、薰陶聯廣員工外，其所教導的台大心理系畢業生，進聯廣任職者也表現得可圈可點。如今他（她）們均在政府機構或民間企業中擔任高級主管，相信彼等也會感念、感謝楊師。

楊國樞教授在聯廣五樓也不過五年，卻給了草創時期的聯廣有無比的鬥志與利器。早期的聯廣人定會衷心感謝他，永久懷念他。

早期聯廣五樓人稱「智慧樓」，當時聯廣一切的成功，都受教於這裡。

第二篇

感謝廣告路上的引路人：日本廣告人

催生台灣廣告產業的廣告鬼才：吉田秀雄

台灣的廣告產業興起於一九六〇年代。之前也有掮客或廣告社的存在，但台灣廣告代理業的存在，卻是始於國華廣告公司。其後，其他代理商如雨後春筍般不斷湧現，陸續成立的有台廣、中外、世界等。

一九七〇年代的國華廣告

一九五九年以日本電通為首的各廣告公司，在東京舉行了第二屆亞洲廣告會議。此屆台灣方面有企業與媒體前往參加，企業有許炳棠、王超光等，媒體有顏伯勤、陳福旺、徐達光、呂耀城等。在會議現場，電通社長吉田秀雄就灌輸給許炳棠一個觀念，亦即：廣告產業對一國經濟繁榮有相當大助益也。

一九六一年五月一日，許炳棠滿腔熱誠地創立了國華廣告事業公司。許炳棠邀請了蕭同茲出任董事長，王超光、呂耀城、辜偉甫等為董事，葉明勳擔任監察人，許炳棠本身則被董事會推任為總經理。

不久，電通派顧問團來協助國華的業務開展，有許多方面的專才，包括：設計、廣播、文案、市調等；半年一團，前後有兩團。筆者進國華廣告之時為一九六二年舊曆正月五日。顧問團已陸續回日本，未能身受其惠。這些電通專業人員所傳授的廣告知識、經驗，相信能使轉業進入國華廣告的人員眼界大開。

在董事長蕭同茲帶領下，國華廣告與《聯合報》等簽訂廣告媒體代理契約，在監察人葉明勳協助下取得廣告代理權。葉明勳與時任經濟部長的孫運璿先生交涉溝通，離開了「業必歸會」的廣告工程同業公會，而與廣告同業等組織「台北市廣告代理業同業公會」。

一九六〇至一九七〇年代的國華廣告，在廣告業界曾是一馬當先。除了自己成長，也帶動同業成長，快速形成了社會上、經濟上的新興產業。

台灣廣告業的催生者：吉田秀雄

廣告業所生產的創意雖然肉眼看不見，但無形的觀念卻可推動廣告主產品的生產、銷售。可謂廣告業是生產業、銷售業的夥伴。這種雙利狀況下，國華廣告與廣告同業一起推動了台灣經濟的成長，以及社會的繁榮。

廣告業與時俱增地受人注目，能有此社會地位，應要感謝當年的催生婆及助產士——電通社長吉田秀雄。筆者每次陪同考察團前往吉田秀雄紀念事業館時，心頭感謝萬分。因為有他之貢獻，才有台灣的廣告產業。

吉田秀雄在任電通第四任社長期間，曾有多項建樹，包括：

一、撰寫「鬼才十則」自勉自勵，也促進了電通同事互勉互勵。

二、將聯絡部更改為專戶部，廢棄過去的媒體聯絡性質，專門做廣告客戶代理。

三、設立市場統計局，以科學、客觀、心理學的方法來規劃廣告，使廣告企劃、執行、成效能一目了然。

四、增設各單位之副部長職位，以防止一旦發生內部罷工時，可有人繼續為客戶服務。

五、公司辦公大樓修建，以分公司優先，總社大樓殿後。

六、新設子公司，專營進口新品的廣告代理，以免與既有客戶商品發生衝突。

七、將聯絡員改稱為廣告業務企劃專員（Account Executive，簡稱ＡＥ），並譽為「太陽」，使廣告作業以其為中心。

八、舉辦亞洲廣告會議東京大會，持續兩屆，企圖消除因第二次世界大戰所產生的仇恨，以促進亞洲和平等。

日本天皇以廣播宣布戰爭終止時，吉田秀雄在聆聽之後，喊出：「廣告時代來臨了！」當下語驚四座。然而，其預言最終應驗了。因為廣告是和平世界的機制，是和平社會的基石。

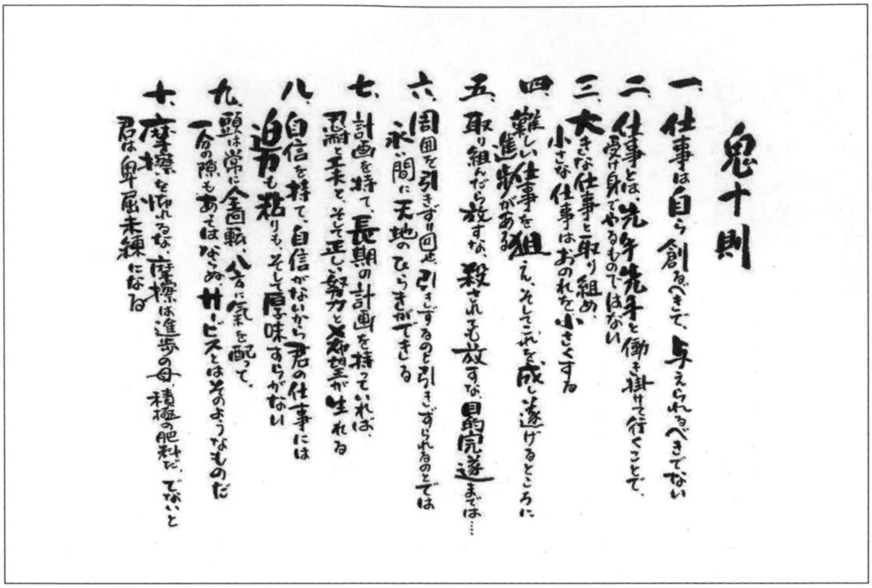

鬼十則

一、仕事は自ら創るべきで、与えられるべきでない
二、仕事とは、先手先手と働き掛けて行くことで、受け身でやるものではない
三、大きな仕事と取り組め、小さな仕事はおのれを小さくする
四、難しい仕事を狙え、そしてこれを成し遂げるところに進歩がある
五、取り組んだら放すな、殺されても放すな、目的完遂までは……
六、周囲を引きずり回せ、引きずるのと引きずられるのとでは永い間に天地のひらきができる
七、計画を持て、長期の計画を持っていれば、忍耐と工夫、そして正しい努力と希望が生れる
八、自信を持て、自信がないから君の仕事には迫力も粘りも、そして厚味すらがない
九、頭は常に全回転、八方に気を配って、一分の隙もあってはならぬ、サービスとはそのようなものだ
十、摩擦を怖れるな、摩擦は進歩の母、積極の肥料だ、でないと君は卑屈未練になる

上：前電通社長吉田秀雄，在1951年親筆所寫下的「電通鬼十則」，至今仍被不少廣告人、企業奉為工作圭臬。

下：《動腦》雜誌曾於1991年出版《廣告鬼才一吉田秀雄》一書，由賴東明翻譯，並陳列於吉田秀雄紀念事業基金會圖書館中。

吉田秀雄是電通人，終生以此為榮；也是廣告人，世人崇拜他。電通公司在其逝世後捐出公司股票為基金，設立「吉田秀雄紀念事業基金」，表揚有功於廣告、傳播、行銷的各界傑出人才，獎助有益於廣告、傳播、行銷的各級學校師生研究等。

大學教師廣告研究基金

吉田秀雄百年冥誕時，時任祕書長的藤谷明，透過前電通台北支局長齊藤充前來訪問，想要在亞洲設立大學教師廣告研究基金，邀請筆者為台灣方面的代理人。此事偉大，筆者婉辭之理由則為「個人微小，宜由組織來推動」。於是筆者投身於其中業務，將推薦在大學授課之有關課程教師工作，交由國際行銷傳播經理人協會辦理。

到吉田秀雄基金做研究廣告、傳播、行銷等學問的教師，可獲吉田基金的補助，以一年為期，其住宿、食事、研究等，經費由吉田基金提供；可在一年期間回台一次，其往返機票也由吉田基金負擔。

享受了這次百年研究基金的台灣學者共有九位，目前還與國際行銷經理人保持聯繫者有林東泰、林正杰、翁秀琪、吳翠珍、黃振家等教師。

林東泰研究了投票出口調查的台、日比較；翁秀琪為研究穿破了幾雙皮鞋；黃振家不搭電車，來回基金會與宿舍之間，日夜做街景觀察等。如能將這些教師集合起來，將會是研究之外的話題，溫馨滿滿。

台灣廣告作品展

令人感動的是，吉田秀雄紀念事業基金會除邀請講師做研究外，還連續舉辦了五次「台灣廣告作品展」，將台灣廣告人的實力，展現於東京都中心。台灣廣告人實有令人感佩之處，但從這五次台灣廣告作品，在東京吉田紀念基金展覽看來，台灣廣告人在求取團體榮譽上，尚有待強化，雖非散沙，凝聚力卻頗不足。

在基金會圖書館書架上發現有一本《動腦》雜誌所出版的《廣告鬼才——吉田秀雄》時，造訪的人均會發出讚聲，驚呼連連。使台灣廣告人倍感溫馨，也讓人體會到日本電通人對台灣的用心。

從以上敘述觀之，吉田秀雄堪稱為「生是鬼才，死成神仙」，他對台灣廣告產業的形成有著莫大催生力，對台灣廣告產業的發展具有莫大推動力。難怪國華廣告的許炳棠先生總著迷於他，同業的台灣廣告產業也非常尊敬他。

胸襟開闊的日本廣告巨人：成田豐

哲人日已遠　隔海的追思會

二〇一一年十一月十九日，成田豐的追思會於東京品川區的王子大飯店國際會館裏舉行。日本電通公司總會事先規畫，擔憂來追思告別者人多互擠，故將弔唁客分為十點三十分、十一點正、十一點三十分等三個時段（正如電通公司每年一月十日在帝國大飯店所舉行的頌春酒會），分散人數以求秩序井然，氣氛肅靜。

日本電通廣告公司榮譽最高顧問成田豐之逝世新聞，被報導於日本《讀賣新聞》的十一月二十二日航空版上。筆者自從五年前退休離開聯廣公司後，就與此生感謝不盡的電通公司維持藕斷絲連的關係。因此，在非常難過的情緒下，寫信給電通前副社長百瀨伸夫，表達個人之悲傷與思念，並詢問出殯的日期。

百瀨伸夫是成田豐在電通期間非常得力的助手，兩人在公司緊密的關係可從其職位升遷中觀察到，例如成田豐由業務局長升任常務取締役後，原職位是由百瀨伸夫接管；成田豐任社長期間，百瀨伸夫則升為副社長；成田豐在拓展電通之國際業務時，便由百瀨伸夫出任電通美國公司社長……等。

追思會的事情，在百瀨伸夫的協助下，日本電通快速投來二張「追思告別會」之請帖，其一是百瀨伸夫任副社長時的祕書，另一份則是新任社長石井直的祕書所送來的，請帖先後寄達。邀請人是電通新社長石井直，與筆者不識，內容寫著「務請光臨，辭香奠供物，著平常服……等」。

接到追思會邀請文帖後，加強了自己必須親自前往日本表達思念的想法，乃擬了一封日文弔辭，火速寄給百瀨伸夫，再請對方轉交電通石井社長。平常感歎自己的日文程度實在有限，現在面臨好友逝世，要寫平常未曾經驗過的弔文，實在心痛加筆痛。弔文一擬再擬，撕之再三。終於，不管修辭是否良好，只求真誠表達了追思之情，決定將弔文寄出。所幸獲得百瀨伸夫回覆說：「你的弔文流露著友誼之真純，友情之真心」。文章貴在文情並茂，但這次是情達文卻不及，三更半夜的苦思重寫，似給了自己的日文一點信心了。

追思會會場在王子大飯店新高輪的國際館三樓。經過臺灣旅行社之推薦與預約，在前一天住進旅館，追思會就在該旅館舉行。一進房間，扔下行李，就詢問國際館所在，趕緊前往一探會場。當發現會場尚未布置，就心情低落，久久站立在其門前。

十九日當天，清晨六點前往追思會會場觀看時，偶然發現已有數人正在進行佈置工作。雖眼未看到其遺照，但心已嚮往。今天中午時分將與吾友成田豐告別，彼此雖未有共事合作之經驗，卻有心靈往來之體驗。從今而後，自己一個退休老人，在臺灣將有何事可供思念這樣一位日本的廣告巨人？

十一點三十分前，由旅館通道進到國際會館大廳，只見數不清的一大群黑衣人此起彼落地忙於敬禮，迎接從前門進來的訪客，都是成田豐生前的友人。

電通公司的祕書小姐向我要了請帖封套後，就讓我逕自前往三樓追思會禮場。禮場門口，白衣黑裙的小姐輕輕遞給我一束鮮花。拿著白色鮮花往會場內望，只見成田豐偌大的遺照正對著筆者展開其澀澀的笑臉。

遺照的笑臉與成田豐生前的笑臉給人同一感受，那就是苦中帶甘，或是笑出自勞。兩年前尚在帝國大飯店的賀春酒會門口，或在其電通會客室裏看見這樣澀澀的笑臉，如今卻只留存在其遺照上了。那時，顧不得會場的肅靜與弔傷的禮儀，摸出口袋裏的手掌相機，快速對準那張笑臉按下了鏡頭。

遺照放在會堂中央正面，照片前面則排放著許多國家級的勳章、獎狀，包含了日本天皇旭日勳章、羅馬教皇騎士團長勳章、奧運會功勞獎章、中國北京大學名譽教授稱號、法國勳章、韓國光化獎章等等。這些勳章與獎章驗證著成田豐透過廣告而奉獻國家、國際之努力有成，應是廣告人之模範、尊榮，那是他一生奮鬥後所獲得眾人之肯定，各國之讚美。照片裡，額頭上兩條明顯的橫紋，與嘴角尚呈直線的笑臉，在在讓人感受到他在廣告業中高超的目標與堅毅的鬥志。

上：二〇一一年十一月，成田豐的追思會於東京舉行。彼此雖未有共事合作之經驗，卻有心靈往來之體驗。站在故友的遺照前，看著與他生前相同的笑臉，感到無限哀傷。哲人日已遠，成田豐一直是筆者心存感謝的人。

下：成田豐退休後應日本經濟新聞出版社之邀，撰寫其自傳，並於2009年出版《與廣告共生》一書。

站在成田豐的遺照前，仰望許久，心想益友已遠去，往事卻模糊又鮮明地泉湧出來。

日本電通公司　羽翼漸豐的社長

二〇一四年秋，日本《讀賣新聞》報導云：世界奧運會指定電通公司為專任的行銷代理店。二〇二〇年東京奧運會提出了募款目標，為一千五百億日圓（約新臺幣四百五十億元），需從日本國內募集，將自明年度起與電通公司協力合作進行。而早在二〇一四年二月，東京奧委會經過四家公司提案競賽，認定電通公司之方案最為具體，乃指定其為代理。

電通具有奧運會之行銷能力由來甚久。一九〇一年，當時擔任記者的光永星郎創立日本電通通訊社時，電通是媒體的代理公司，為報紙、雜誌推銷媒體版面。戰後由吉田秀雄擔任第四任社長，為因應廠商日增、品牌群出，電通遂轉型為替廣告廠商代理購買版面、時間……等。之後繼任者的五、六、七、八及九任社長，則漸由單純的媒體購買代理擴增其業務範圍，而為公關、市場開發、品牌塑造、通路傳播、活動展開、效果測試……等多功能服務代理。此多樣、複合之服務代理，可謂為行銷代理。近年來則尚需加上網路行銷代理，廣告公司的業務領域一直在擴大。

日本從一九九一年起，景氣就由泡沫走向破滅，而成田豐在景氣開始低迷時就任電通第九任社長，要照顧五千多名員工及其背後眷屬，不可不謂任重而道遠。他乃著手組織之精簡，將過去的日本各地分公司改為五個子公司，並採取盈虧自負措施。又強化國際業務，使電通脫胎換骨，由代理進口的國際品牌在日本，增為代理出口的日本品牌在國外。為達成此業務項目乃任命百瀨伸夫出任電通美國公司社長。並積極在國外尋找當地廣告公司做為投資對象，建立電通國際網；又在法國公關公司、美國廣告公司投資，以合作建立進口之國際品牌與出口之日本品牌之廣告代理網國際化。臺灣的國華廣告公司、臺灣廣告公司就是在此時成為電通的國際網之一。電通社長是由電通人出任，一任是二年。但成田豐卻連任四次，若無能力，若無成就，怎能達成此境界。

成田豐生於一九三二年，成為電通人於一九五三年，出任其新聞雜誌局局長於一九七一年，出任第七聯絡局局長於一九七七年，擔任取締役年代自一九八一年起至一九九三年，凡十二年，而於一九九三就任社長職位近十年。在就任之前，他要求電通大股東的時事通訊社與共同通訊社二家同意由剛卸任的社長木暮剛平來出任會長，以便成田主導業務，而木暮輔導公關，可見成田豐之知己、尊長。電通公司自最初光永星郎創設起就從無會長職位之設立。據ADK創辦人稻垣正夫在某次國際會議相遇相談時提起，會長與社長兩輪制度在電通運營得很成功，木暮與成田分擔任務，合作無間，稻垣創辦人讚佩成田豐具有長遠眼光，也知自己羽毛未豐而需動用長者之才。成田豐於二〇〇二年任會長，兩年後出任最高顧問，八十年的人生，電通人即佔了有五十五年的光陰。成田豐的一生就是廣告。

結識成田豐　感念與遺憾

筆者與成田豐初識於一九八九年，時任專務取締役，同時結識的是時任第七營業局局長的百瀨伸夫。他們兩位來臺的目的是要參觀臺北崇光（SOGO）

百貨店的開幕。因SOGO公司在日本是由電通代理廣告業務，且正向該百貨連鎖公司提案周年活動（EVENT）。聯廣初獲崇光百貨店之行銷傳播業務，為取得先進的經驗乃邀其來寒舍便餐。當晚就由內人下廚，炒了米粉。成田豐對於內人所煮的臺灣米粉讚不絕口，並且傳誦多年，百瀨伸夫時常提起此事。二十多年前的往事並未如煙飄逝，反而見其遺照就映在眼前。那是人生先苦後甘的達人面相。

電通在日本市場每年代理雀巢、萬寶路、優尼利活、山葉四大品牌之廣告代理，而雄心萬丈的成田與百瀨團隊，意欲將臺灣的四大品牌也納入其服務範圍，以推動電通的全球策略，擴大其國際市場影響力。何況，聯廣在當時尚有太平洋崇光百貨公司之廣告代理，而在日本，崇光百貨公司則是電通第七局的主要客戶。其漸進蠶食或一網打盡之策略昭然若揭。電通意欲在臺灣與聯廣合作經營雀巢、萬寶路、優尼利活、山葉四大品牌之廣告代理；對聯廣而言，可加速拉大與第二位廣告公司之間的業績距離，另也壯大自身在國際上之盛譽。

惜人算不如天算。當時的聯廣正是三股勢力爭奪經營權之時，由金融獨占了優勢。正在此時，《經濟日報》報導了該上述四品牌即將由聯廣代理品牌行銷，並與已有品牌常勝經驗的電通合作。此消息一上報，影響了布局，使美夢破局，令成田專務、百瀨局長、脇田女社長扼腕歎息。也讓筆者一生理想——與電通合作建交科學化、創意化、人性化之廣告公司，成為絕響。

是故，在一九九五年後與成田豐的書信往來中，有幾次他語重心長地提及，他與筆者雖有往來，卻常有擦肩而過之遺憾。雖是業務少了合作機會，但兩人仍是心繫緊密。自從成田豐於一九九三年升任電通社長後，筆者有幸得以年年獲邀參加其公司年度大活動電通賀春酒會。得與日本產業界、媒體界之長者大老認識，而展開兩國間的溫故知新之感情交流。有時陪同社團訪日，如國際行銷傳播經理人協會、好鄰居文教基金會……等，訪日行程中則抽空拜訪他，雖時間短暫不足一小時，總能獲知其業務推動心得、經營管理措施、國際市場動態……等。其內容簡要易懂，生動感人，常成為筆者經營聯廣公司時的參考。

2006年，成田豐與筆者相見於電通賀春酒會。

茲憑記憶敘述幾點以分享讀者：

一、活動舉辦帶動廣告投入。

二、要成為廣告廠商的夥伴。

三、讓社會來驗證公司實力。

四、大樓能堅定員工向心力。

五、職業前途有賴同業向榮。

成田豐在電通擔任業務工作推廣客戶之廣告代理，其目的在使客戶商品市占率提昇、商品品牌廣被……等。要達成這些目的，廣告信息之創作，廣告信息之刊播至為重要，然信息創作、信息刊播已因廣告公司之力求上進而有不分高低之感。為求客戶服務之完善，有必要創新價值。他強調活動（Event）既是信息又是媒體，既是廣告又具公關。因此當他擔任業務主管時，常為客戶舉辦活動，以宣傳品牌、促銷商品、塑造品味……等。成田豐為日本崇光百貨公司辦理羅馬教皇訪日活動被譽為最佳之廣告活動、公關活動、外交活動、宗教活動。真是一事有多譽。成田豐曾表示客戶在此活動上名實俱得。

成田豐認為活動既是信息又是媒體，活動就是廣告的一種創意。他以活動帶動廣告，這樣的觀念深深影響了電通的業務發展，促使電通由廣告走向傳播，由傳播走向綜合。他浸淫廣告公司五十五年，曾說：「與我入社時期比較，廣告的面貌有大大的變化。廣告不再只是連結企業與大眾。國與國、國內人民與海外人民、政府與國民。如果協助溝通是廣告的角色，則其活躍的空間餘地真是無限的。」

成田豐的做法可供臺灣廣告業參考，在眾多廣告人感歎廣告難為之當今現勢下，何不另添新翼，為客戶企畫符合或提昇其形象、市占之活動，壯大客戶也堅強自己。何況政府已在推動會展產業之新興行業，而民間也已成立臺灣活動發展協會鼓吹新的傳播事業。

在舉辦會展活動上，筆者認知電通公司是全球廣告公司當中最具實力，具有盛譽者。不論是在世界體育大賽中或在世界博覽會上，總見有電通的名字嵌入其中，電通透過世界級大型活動，為其廣告顧客行銷傳播商品、品牌至世界各地，筆者就曾從成田豐手中獲贈印有長野冬季世運之精工表。電通如此與顧客成為夥伴關係，是人人在做事上或可學習的。緊密的夥伴方能維持長久關係，主客同心態勢。

成田豐認為主客同心方能避開廣告公司所苦的提案競標。廣告公司之代理客戶廣告業務表現及效果的高低，客戶一清二楚。然客戶同事難免有異見發生，認定標準不同。主辦者為避嫌，會舉辦第二意見之聽取或第三者之客觀評斷，而有新廣告公司之得機會參與提案競標。這種提案競標常耗損廣告公司之真正實力。因此他認為要維持客戶關係唯有提供完善的服務內容，形成同心態勢。

不過廣告公司存在於社會，雖為廣告廠商提供知識服務，資料服務，諮詢服務，然廣告之使用者則是社會大眾。因此，社會大眾應也會對創作信息、刊播情意的廣告公司有其評斷標準。而其評斷標準則是在股票之買賣上。

胸襟開闊的成田豐社長

成田豐之經營理念為電通之業務國際化、股票上市化、辦公近代化，三項心願逐步完成，實來自其理想、努力、毅力。成田豐曾說：「電通成長不停，約三十四年就需更換更大的大樓。」他要電通公司每逢三十年就換新的辦公場所，以免員工擠爆空間。此言不虛，現存電通銀座大樓建於一九三三年，電通築地大樓成於一九六七年，而電通汐留大樓則是入厝於二〇〇二年。每隔約三十四年電通就需要更大更新之辦公大樓。當時他就任為社長後，就開始為新大樓籌劃，其一是大樓的格局，另一則是建新大樓資金。

電通公司從事的業務是廣告代理，故其資金是代收代付，存於自己手上之現金並不豐富。為籌募蓋樓經費，成田豐因有廣告公司之社會責任及社會價值之心中探討，乃決定在電通百周年的二〇〇一年使電通股票上市，以解決蓋樓經費的問題。誰知股票一上市，成為社會大眾之搶購對象。股票擁有者一夕成為富翁。由此社會大眾評斷了電通的優良，電通有了良好聲譽，又得了龐大蓋樓經費，可謂名實俱收，成田豐之經營判斷顯然卓越。而社會也驗證了電通實力。

有了蓋樓經費，電通新樓興建也如期進行。其新樓特色有二。一是有地下道通往電通與新橋車站之間，增加電通員工上、下班之方便，不管冷天或熱天。一是樓邊有劇場，名為「四季」，是一年四季表演由淺利慶太所導演的舞臺戲劇。淺利慶太是著名的演出家。由此可見成田豐在從事商業之餘仍然重視文化之推廣。

另一方面，電通公司在吉田秀雄逝世後，為紀念此位中興之祖，成立了「財團法人吉田秀雄紀念事業財團（基金）」，以繼承其志，推廣廣告事業、廣告教育，並培養廣告人才、廣告教師……等。此基金因長期握有電通股票，過去憑股利在小額經營，如今可拋售部分股票來獲利而可大膽推廣公益事務。二〇〇三年是吉田秀雄生誕百年，該基金的藤谷明專務理事正想做事，當時便藉由成功的上市股票取得厚實的資金，乃舉辦「吉田秀雄百年生誕紀念活動」，邀請東北亞洲三國的臺灣、韓國、中國等的廣告學、行銷學等教授到日本做研究，為期一年。所需來回機票、住宿費用、餐飲交通開支概由該基金負擔。其教師遴選則由與筆者有關之國際行銷傳播經理人協會負責，臺灣先後有九位教師獲選。因成田豐的決策，電通股票的上市間接地造福了臺灣的大學教授，獲得機會在日本研究學問。

除了嘉惠臺灣的企業界、教育界，他又在一九九九年捐資慰問臺灣九二一震災。當年，他派遣海外部長原山先生攜信函及捐款來臺。其言懇切，捐款三十萬日圓（約新臺幣九萬元）。然而因為聯廣公司員工、建物均無損傷，經過討論後，乃將其好意與金錢充做基礎，將當時大批出現在媒體上的救災廣告悉數蒐集，編成專冊留做記錄。該專冊名為《救災心，廣告情》，是一冊動魄驚心的資料，也是一部慈悲為懷的史書，可能是臺灣唯一非商業的廣告書籍。聯廣將其普遍贈送給各縣鎮圖書館，並且為使捐款者知曉捐款用途，在事後將《救災心廣告情》數冊寄給成田豐社長。他來信云：「將轉贈給吉田秀雄圖書館，裨使成為社會財產。」

在其卸下繁忙的社長職務後，成田豐仍以會長、顧問之地位，貢獻其才、其力、其志在業界、社會上。如出任日本活動學會理事長、日本發行公信會會長、日本廣告業協會會長、財團法人「推動富士山為世界文化遺產國民會議」理事長，晚近則出任日本政府「安心社會實現會議」議長等職。將半世紀廣告經驗奉獻給政府機關，以裨益日本社會。其能力、見識之發揮於是由企業公司，進入政府，而至社會國家。與其為友，實感與有榮焉。

成田豐在退休後的二〇〇八年，應日本經濟新聞之邀請，撰寫「我的履歷表」，回顧其一生廣告人、電通人之生涯。二〇〇九年成書出版《與廣告共生》，隨後筆者也收到對方寄來的贈書，在書中夾著短箋，云：「來東京時務必喊一聲，現今仍每日到辦公大樓第四十五層。往昔之事愈令人懷念。是否歲數增長了？」二〇一〇年時，筆者同樣為了每年的臺灣廣告作品展覽於東京廣告博物館，乃隨國際行銷傳播經理人協會組成之團體前往日本，意欲與其敘舊，卻事與願違。追思會現場，百瀨伸夫向筆者說：他應有一項遺憾留在人間，問以何事？百瀨答：「與你合作一事。」成田豐曾給我一封信云：「與你總是擦肩而過，相處機會常失，至感遺憾。」不僅他感到可惜，也是筆者廣告人生涯之大憾事。

尾聲　永遠的廣告人

從靈堂走出後，又進入另一會場，裡頭播放著成田豐生前的映像與照片，令人觀之心酸酸，淚潸潸。在此間回憶的會場內，雖供有日本料理與餐飲等等，然而美味當前，卻是索然寡味，不思進食。倒是遇到幾位相識，如日本發行公信會專務理事岡本，彼云：「成田任會長時要求嚴格稽核報紙、雜誌之發行份數，並開拓網路之接觸稽核。嚴格、公正是其六年來之一貫主張。」又如電通前國際廣告局長小布施，彼云：「他要求做事嚴格，但待人體貼關懷，我們怕他又敬他。」逢人就會聽到電通公司、廣告業界、社會失去了一位長者、強人等等。他真是兼有愛與威的善將。

成田豐與廣告共生了五十八年，是位具有國際觀、專業心、關懷情，以及助人心的一位廣告人、社會人、國際人。他也為日本廣告業留下了諸多豐功偉績，是廣告人與企業人學習的典範、思念的達人，也是仰之彌高的巨人。同時，他更是筆者心存感謝的人。

帶來快樂創意的廣告企劃巨擘：堀貞一郎

淡紫色信封，陌生筆跡

二〇一四年二月十八日，筆者出席扶輪例會後回家，發現書桌上放著一封不大尋常的信。信封是淡紫色的，筆跡也很陌生。在未了解寄信人是誰之前不敢貿然開封。信封正面字體非常秀麗，卻是不熟悉的字體風格。翻看信封背面，發現寫有地址，尋思了一下，原來是多年老友的住家所在。

然而，不能明白的是，為何多年老友的男人粗獷筆跡會變成秀氣如女人的字體？這時心中閃出不妙感覺，趕快拿起剪刀拆封。信紙也是淡紫色的，紙上見不到豪放粗大而看慣的字體，卻是整整齊齊排列著秀氣的文字。

信中首行說：「我是堀貞一郎的長女。」

讀到五六行後，寫著：「我父親於二月十日半夜去世。」

真是霹靂一閃，使眼前一片白。

這……怎麼可能？去年（二〇一三年）蛇年尾彼此還在書信往來，討論著癌症。來信是樂觀的，將接受治療，要用化學的——亦即投藥；去信是祝福的，但願一切平安順利。後來告知，已接受治療，放射療程。從台灣寄去日本醫師著作有關治癒癌症成果的書籍；日本來信則表示感謝，並敘述其享受了學生「美夢成真，有志事竟成」的快樂，以及值得回味的友情等。

與堀貞一郎初識於電通企劃中心局

堀貞一郎與筆者之交情建立於一九六六年，即筆者奉派赴日見習於電通公司時。當時筆者就職於國華廣告公司，任業務處處長，負責該公司之客服業務，其中包含與電通合作之國際業務。見習之處所為國際局，該局主管合作之事項。見習三週後，更了解國華與電通業務合作之緣由、客服、方法等。後因好奇心驅使，向國際局局長米田提議，可否到單位成立不久的企劃中心局見習。

米田治雄局長表示首肯，乃將見習場所移至電通的心臟部——企劃中心局。這一單位由當時日本藝能娛樂界鬼才金貝省三領軍，有近五十位精英，而堀貞一郎是其中之佼佼者。金貝省三局長告知，該局是電通的業務、媒體、公關等成長業務的創意發想所在。

堀貞一郎所屬的企劃中心局被電通人自喻為「心臟」，而成為電通人稱羨的地方。因為在一九六〇年代「日本戰敗後的復興」，經萌芽而進入蓬勃時期，工商業開始成長，消費產品供不應求，傳媒恢復生機，是歷史家認為「日本經濟奇蹟時代」的起始。也正是電通人忙於爭取客戶，提案不斷、創意精進、人情博放的真富朝氣時代。

堀貞一郎等五十位創意人員，夜以繼日地生產可以計價的有價值之創意。創意必須是唯一，又可與人競爭的；創意必須是有價，且能與人比較的；創意必須是有力，但強在市場上的。企劃中心局的電通人思考模式，個個使用水平

堀貞一郎的一生就是不斷「創新價值」，一身充滿創意，樂活、助人。圖為台灣「創新價值」標誌。

思考法、深耕思考法、引喻思考法等。然而，堀貞一郎卻說：「彼等最常用的方法是腦力激盪法。」此法在短時間內最易取得符合市場、因應客戶需要的創意。只是企劃中心局人員想法總是天馬行空、千奇百怪，須有高人具備實力、耐力地從中引導，激發彼等創造湧出如泉且符合市場之創意妙點，也要有識力來綜合判斷創意實現的可能性。

「舉手過馬路」廣告與《11 PM》綜藝節目

堀貞一郎的廣告工作有兩項迄今仍令人津津樂道，其一是政府的政令宣導：減少交通事故活動。他在企劃廣告之前閱讀了各方調查統計資料，了解行人在穿越馬路時，交通事故發生率達到百分之三十。調閱資料後，他認為要減少肇事率應先從行路人著手。因為想要降低肇事率的話，開車人一端可用駕駛執照來管制，而另一端的行路人則無法控制。要達到「行路人在綠燈時安全穿越馬路」之目的，是可使用某種表態方式以提醒開車人注意。

堀貞一郎所企劃的交通安全廣告是「舉手過馬路」活動。此一舉手越過馬路，有行路人謝謝開車人之含意，亦有行路人要求開車人暫停之意涵。此一廣告頗受廣告主警察單位之讚賞，遂以全國性電視播報方式行之。播出後普受人民歡迎，從此「以舉手方式快步越過馬路」變成大眾日常生活習慣之一。如今到日本觀光旅遊，尚可見日本人舉手越過馬路之情況。

堀貞一郎的交通安全廣告創意改變了日本人的生活習慣，已經三十年之久，可見廣告能夠既廣泛又持久地在社會上產生影響力。這種創意真強大，使人學習模仿，使人遵守成習。

堀貞一郎的另一令人不忘的工作成果是電視節目。該節目播映於一九六〇年代，正當日本從敗戰後走向足可溫飽的「日本奇蹟時代」，亦是筆者首次赴日見習之時。他所企劃播出的節目名稱為《11 PM》，是一綜藝節目，訴求對象是領薪人、年輕族群。播出的電視台是日本電視台，播出時段是每個星期五的夜晚十一點到翌日一點，不僅時段長達兩小時，播出期間亦長達十七年。

堀貞一郎的《11 PM》是綜合性節目，其內容無所不包，並且在其中五分鐘時間插進尚未公開上映之電影介紹。他既要製作電視節目，又要製作電影廣告，其所身負之重任由此可見。此時的他已是電通人兼電視人了，領域擴大而成信息傳播人。

「電氣魔術」表演與東京迪士尼樂園

之後，堀貞一郎還參與一九七〇年大阪萬國博覽會內之電力館展示工作，他規劃了「電氣魔術」的表演。當他的團隊在提案時，有位評審員看到堀貞一郎的名字，馬上交代部下去查「堀貞一郎與堀貞治有無關係」。結果是：堀貞治為日本送電用鐵塔設計的權威，在電力界素受尊敬的人物，是堀貞一郎的父親。於是評審團認為既然是堀貞治兒子之規劃，內容應不會有誤。如此，堀貞一郎的規劃案獲得一致通過。這真是父親庇蔭了兒子。讀者中有作為人之父者，當應在做事做人上努力從事好品良德來致蔭子孫。

堀貞一郎任職於電通公司企劃中心局時，深受其局長上司小谷正一之賞識。堀貞一郎每與筆者提及小谷正一出類拔萃之創意時，總是流露出無限尊崇之情。小谷正一從每日新聞社的事業部長被電通公司吉田秀雄社長挖掘，出任企劃中心局局長共五年，其間培養了不少活動的演出者，如藤岡和賀夫、岡田芳郎等，加上堀貞一郎本身，均是一流的廣告創意人，一流的活動規劃人。是故，可謂小谷正一是「大師之師」。

堀貞一郎生前滿意於「舉手過馬路」之社會活動，也滿意於其大阪萬博之「電氣魔術」表演。如此說來，他更滿意於勸邀迪士尼樂園來日本投資。日本有一書，記載著小谷正一如何激勵堀貞一郎去爭取迪士尼樂園，該書名為《娛樂的黎明》。書中提到堀貞一郎的提案準備、場地設定、簡報內容與方法，令人有如置身其中而感佩其創意百出。

堀貞一郎曾在迪士尼樂園中對筆者講解，如何以直昇機勘察浦安預備地，如何製作燙金的提案書，如何準備現場設計以符合決策者需要，如何租車來往並選定中午時間由東京至浦安，如何準備牛排以便在行走車輛內吃午餐，如何設法以日語提案改變原定之英語提案，如何提案說明遊樂園之設置海邊勝過山邊，如何一次就使迪士尼本人首肯定案。堀貞一郎謙虛地說：「浦安海邊勝過富士山麓是天然之賜，三井不動產贏了三菱地所是人脈之實。」堀貞一郎在簡報提案中之表現盡書於《娛樂的黎明》一書中，證明優越團隊裡的傑出個人表現，是致勝關鍵。

東京迪士尼樂園之開發營造，就在此後由三井不動產公司設立之「東方園地」公司獲授權經營，堀貞一郎從此聲名更是轟動全日本。他就在該新公司擔任常務董事而負責樂園業務之綜合企劃，也包括軟體的表演，而不再僅止於硬體之設計。

東方園地公司與迪士尼樂園簽下的合同有以下幾項：（一）美方提供技術但不出資。（二）美方要求危險事故零機率，然取百分之十營收的利潤。

一九八〇年十二月，東京迪士尼正式開工，一九八三年四月舉行開幕典禮，建設速度至為快速。這段期間筆者曾至工地現場參觀幾次，傾聽堀貞一郎之築夢過程。

東京迪士尼樂園之出現，影響日本社會甚大。凡是去過東京迪士尼樂園一次的年輕人，會將其體驗心得告知地區之商業設施或飲食設施，並要求其室內設計或店面裝潢要能如東京迪士尼樂園。是故，東京迪士尼樂園就成為日本店頭設計之基準。日本企業也從東京迪士尼樂園學習到，對年輕人導向的娛樂設施只要多用心、多用錢，也能成為如東京迪士尼樂園般的巨大事業。因此，日本各地就興起了主題公園或休假園地之建設。

東京迪士尼樂園是日本休閒業的開創者，是娛樂業的啟蒙者。而堀貞一郎則由廣告人搖身一變為演出者。然而，不管廣告人也好，演出者也好，均需要能經常產生創意以打動人心。堀貞一郎在這方面應是受之無愧。

成功並無祕訣，只是來自不斷努力

在堀貞一郎成功地引進迪士尼樂園至千葉縣海濱的浦安村後，亦在建設活動平台成功後，以及米老鼠等節目表演成功後，日本眾多出版社紛紛爭先恐後邀請堀貞一郎將其成功祕訣公諸於世。對於這種種成功事蹟，堀貞一郎皆謙虛自持。他曾多次對筆者表示：「成功並非一己之力，需要眾人之合力。成功並無祕訣，只是來自不斷努力。成功不必公開宣傳，卻要留存以傳後。」

堀貞一郎就在這種想法下，著作了幾本有關創意的書籍。如下是其送給筆者閱讀以求進步的有關廣告、活動、觀光的著作：

一、《如果不快樂就不是公司》

二、《感動會使人行動》

三、《集人氣：為何迪士尼樂園能？》

四、《人生決定於其相會的人》

五、《從製造國日本到觀光國日本》

六、《魔法的鉛筆》

七、《最上川物語》

在上述的堀貞一郎著作中，如要分類，則一與二是廣告類的，三、四是活動的，而五、六和七是觀光的。然而，所有著作中都有濃厚的創意和人性的根基。至於後面兩本著作，則已由董氏基金會出版上市一年多。董氏基金會將兩本作品併成一本，以中文發行，書名為《生命的奇幻旅程》。

堀貞一郎之著作很多，賴東明獲贈其中八冊，均與活動創意有關。其中《魔法的鉛筆》與《最上川物語》曾由賴東明合冊譯成《生命的奇幻旅程》，在台灣發行。

堀貞一郎認為，做一個創意人，應具備各方面常識以形成「T」字型思考。是故，他除了不斷考察國外歷史文物，參觀古蹟勝地，又觀察當今流行，蒐集現世器具。他受邀來台講演之餘，總要我帶他去看古見新，了解新舊事物。他有這方面的修養，也將其發揮在興趣方面以充實創意來源。他著書或製陶，均在動腦之餘，亦常活動其雙手。

設立陶藝會與「政經塾」

堀貞一郎喜歡陶藝，在自家後院設有陶窯，又與朋友成立陶藝會，每年在日本各地旅館舉辦有陶藝展。有一年他帶領其陶藝成員與作品，以及插花界朋友來台。據其言，展陶瓷品若無鮮花配襯則無聊又不美。為此，筆者為其展覽擇場地於國賓大飯店，選花卉店於市井中。而在展覽完畢後，彼等則將陶瓷品近二十個，悉數捐給筆者所屬台北市北區扶輪社。獲贈的台北市北區扶輪社則將其拍賣，所得款項全額捐給扶輪親恩基金會。

這一展覽與捐獻活動真是創美與行善的結合。堀貞一郎的陶藝會與石草流派的日本同胞，不僅以陶瓷作品來插花而顯襯其美，娛樂台灣人，也留贈陶瓷作品而嘉惠了品學兼優卻失親大的學生。堀貞一郎真用心良苦，也用意創新。

堀貞一郎非常關心日本之文化和社會，因此與友人設立能影響文化、社會的研究機構，名為「政經塾」，設置於日本著名的帝國大飯店內。該政經塾內有座談室、會議室、酒吧檯，日常有會員三五成群在此聚會。此外，每當有總理新任，必然會成為政經塾的座上客，且簽名於會員出席簿上。

台灣的行銷傳播經理人協會，和台灣活動發展協會在訪日考察時，均有幸聆聽日本講師前來帝國大飯店政經塾做講演，例如奈良遷都一千三百年紀念活動總策劃師福井昌平、城市行銷有目共睹的岐阜縣多治見市市長古川雅典等。當然，堀貞一郎本身既嚴謹又幽默的創意發想，也是不容錯過的。堀貞一郎也曾受邀在台灣團住宿的幕張曼哈頓大飯店蒙娜麗莎大廳，做過〈開發砂地為娛樂平台〉之精彩講演。大廳名為「蒙娜麗莎」是因為牆壁上掛有馬賽克製成的畫像，而該畫像的馬賽克正是台灣燒製品。堀貞一郎站在掛畫前為台灣聽眾講解迪士尼樂園之爭取、開發、建造及經營等，實給台灣聽眾非常欣喜之感受。

堀貞一郎不僅貢獻自己的才幹於日本廣告界、娛樂界，也嘉惠了台灣廣告界。他真是一位優秀的創意人，其創意發想常使眾人快樂且受益。他總是笑臉對人，更常助人為樂。他使筆者專業成長，是我衷心感恩的人，永遠。

上：堀貞一郎與賴東明一同在日本幕張替訪日的台灣團進行演講對談，兩人身後的「蒙娜麗莎」畫像，即是來自台灣燒製的馬賽克作品。

下：作者賴東明夫婦（右二及右三）與堀貞一郎先生（右一）於日本合影。

樹立廣告工作基準的電通廣告人：三宅重一

三宅重一所長，是一位讓我視野更寬廣、日文更精進的人，我心存感謝。

一九六〇年代，當時的日本電通駐台事務所所長三宅重一，就任時來拜會當時擔任國華廣告業務處處長的我。他那時進電通已經有二十多年，是廣告業務老手；而我在國華廣告工作不過六年的時間，是廣告業務菜鳥。

運用語言交流，增廣見聞

在拜會的過程中，他特別提到，願意和我做「語言交流」，方法就是我們談話之中，他用中文，我用日文，目地在增進彼此的第二語言能力。

三宅重一曾在二次世界大戰被徵兵，駐在中國華北，會通華語；我則曾在日治時期受過日本教育四年，略通日語，也非常想提高日語程度。

他駐台任務是服務其日本客戶，當時電通與國華的共同客戶，包括藤澤藥品、田邊製藥公司、衛材公司、森永乳業、雪印奶品、三麥纖維、XLAN紡織等。

這些日本在台客戶，不大在意電通服務競爭性品牌，因為他們運用廣告代理商的標準，是在於媒體的掌握；有別於歐美集團在台分公司，多半要求廣告代理商必須做到品牌建立與維持，所以非常介意一家廣告公司同時為兩家競爭品牌服務。

三宅重一的工作，就是對客戶提供電通的廣告服務，同時也會要求國華廣告提供與電通同等或相近內容及水準的廣告服務。

這種同等或相近的廣告服務，有效提升國華廣告的技術和能力。國華廣告再把這種高人一等的技術、能力擴及台灣在地客戶，時常獲得讚賞，有效延續彼此廣告業務合作之關係。

國華廣告在成立一開始，就因獲得日本電通合作邀請，在客戶、技術上，和當時其他本土廣告公司相比，實勝一籌。

雖然和電通有合作關係，國華廣告員工本身也是不眠不休地工作，努力不懈地學習，員工個個懷抱著新奇感，來從事前人未曾踏進的嶄新領域裡。

對工作的堅持，無論上下班

三宅重一的客戶遍布台北市各大街小巷，他每天下班前一定要去兩條路，一是中華路，另一條是中山北路小巷。

國華廣告成立不久，就標到中華路上中華商場屋頂的經營權。國華廣告創辦人許炳棠，以台一貿易及鑽石鞋油兩個品牌致富，是生意頭腦頂尖的商人。他把中華商場屋頂變成廣告媒體，設置廣告霓虹燈，運用創意把閒置屋頂空間，改造成為日進錢財的廣告媒體。

於是展開了國華與電通的廣告霓虹燈推銷業務，後來前後有XLAN、森永乳業、國際牌、精工品牌等的參與，讓廣告霓虹燈照亮台北夜空。而這個每日開燈及關燈的工作，則是由許老總私人設立的華東公司管理。

儘管擁有如此完善的管理制度，三宅所長仍然不大放心，認為自身有責，於是每天六點下班就自費搭計程車，從中華路的北門到南路來回走一趟，確認廣告霓虹燈正常運作後，才坐原車前往中山北路小巷吃晚餐。到中華路是為了工作，到中山北路則是下班享樂。

謹守廣告工作鬼才十則

中山北路小巷裡，琳瑯滿目的餐廳，既有供餐又賣酒，這對單身來台赴任的日本人來說，是晚上好消磨的地方。三宅重一常去一家名為「青鳥」的餐廳，餐廳的女老闆精通日文，為人親切，態度穩重，言談常圍繞著暢銷商品、流行趨勢、新聞等，相當投行銷人、傳播人、廣告人所好。

三宅重一每個月大概一兩天會在下班前一小時打電話給我，用華語說：「賴先生，晚上來一杯，好嗎？」當天如果沒有加班或應酬，我不好拒絕這位在台灣的孤家寡人，更何況和他吃飯可以學習日文、廣告、聽取日本史地常識，以及電通現況等，雖要犧牲約兩小時的私人時間，卻可獲得許多寶貴經驗或技術。

經過兩小時的用餐時間，我們就各自回家，說再見之前，他一定會用中文說：「謝謝你陪我吃晚餐。」我則會以日語回謝：「晚飯吃得很快樂，感謝你。」當夜可謂飽滿之夜，飯吃得飽，酒喝得足，話談有益，技術有學。

三宅重一雖不善言詞，卻話中有物，談吐有理，從他身上可以得到不少廣告人該具備的要件，是我樂於接近的人，我心存感謝這位異國廣告人。

三宅重一很守時，一定會提早五分鐘到達約定的地點；很勤奮，每次會面都會做筆記，以防重要事項疏漏；很細心，對於要處理的事務，常會找出其盲點；很主動，會自己尋求讓工作更順利的創意。因為他是電通廣告人，相當遵守電通前社長吉田秀雄所寫的「廣告工作鬼才十則」，該十則為：

一、工作必須自動去尋求，不應該被指派後才做。

二、工作應該搶先積極去做，不應該是消極被動的。

三、積極從事大的工作，小的工作只有使你眼界狹小。

四、目標應該放在困難的工作上，完成困難的工作才能有所進步。

五、一旦從事工作，千萬別放棄，不達目的絕不甘休。

六、爭取主動，因為主動與被動之間經過長時間的考驗有天淵之別。

七、你要有計畫，唯有抓住長期計畫才可以產生忍耐，花工夫去做才可產生朝正確方向走的希望與毅力。

八、信任自己吧！如不能信任自己，工作時將不會有魄力，難以堅持不懈，也不會穩重。

九、應該時時刻刻動腦，全面地觀察和考慮，不容許留下一絲空隙，這就是服務。

十、摩擦才是進步之因、推動力的源泉，否則你將會變得懦弱無能。

如果從廣告「工作鬼才十則」來看三宅重一，似乎十守則就是三宅，三宅就像十守則。三宅重一可謂是標準廣告人，標準電通人。

退休之後的三宅重一

他以一個駐台員工的身分，為台灣廣告界樹立了廣告工作基準、熱心，並將廣告霓虹燈的業績留在台灣。雖然現在中華商場已拆除，過去多年閃耀在屋頂上的廣告霓虹塔也已消失，但當時點亮台北市的夜空，依舊讓台灣人印象深刻。

三宅重一任滿後被調回電通大阪支社，成為日本工、商界，想要來台灣投資者的重要顧問，以他擅長的日語與中文，為多家廠商提供建言，並多有好評，認識他的人都感到很榮幸。

三宅重一回國後仍時常寄有關行銷、傳播、廣告的資料來，對當時缺乏國際資訊的台灣廣告人來說，實在受益良多，應該再三感激。

他自電通退休在家享天倫後住進老人院，有時會寫信討論唐宋的詩詞，仍不忘對中文的偏愛。二〇一二年其養子三宅禧尚來訪，令我驚訝的是聽到其噩耗，以及獲得他生前的紀念品。其養子禧尚說：「父親生前最喜歡用這支眼鏡看書、寫信，常說死後可送給台灣的賴先生。」其養子遵照父囑，專程送紀念品，實在令人感動。

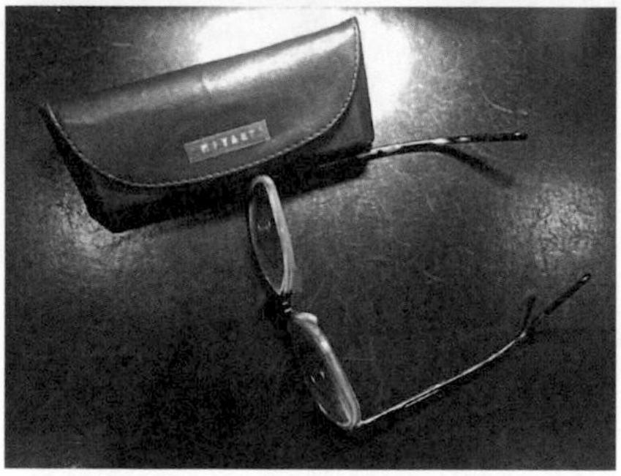

上：台北市中華路附近，是當年三宅重一每天下班必經的考察之路。雖然現在閃耀的霓虹燈廣告，漸漸被大型特殊的戶外看板、科技電子看板取代，但三宅重一對台灣廣告產業的奉獻精神，依然長存。

下：這副眼鏡，是三宅重一在世時最喜歡的眼鏡，經常用來看書、寫信。三宅重一曾特別交代養子，過世後請將這副眼鏡送給台灣的賴先生作為紀念。

提攜台灣廣告影片產業的笑臉社長：本田勝

口齒留香憶故友

週末與內人去札幌拉麵店外食，點其店長推薦的鴨肉拉麵。鴨肉拉麵尚未上桌，內人說：「你日本朋友曾在東京請我們吃鴨肉拉麵。那碗鴨肉拉麵確實好吃，難怪會口齒留香迄今。」

那位請我們吃鴨肉拉麵者，正是日本廣告製片公司的社長。該廣告製片公司是由著名影片拍攝公司投資成立的，原本是希望延伸專業，以其擅長的畫面、燈光、錄音加上影視明星，來從事另一不會太陌生的製片行業，誰知辛苦經營十年仍然赤字不消。

為解決公司慘局，乃將東映映畫公司的董事人事部長本田勝，調派至子公司的東映CM公司擔任社長，以整頓岌岌可危的投資公司。

本田勝先生出任社長職於一九八〇年代，斯時筆者有幸獲貴人賜機會出任聯廣總經理職務。從此交往二十多年，迄其離開人間世界。在往來互動間有幾件事項迄今仍鮮印在腦海裡。

笑臉常開，處理險境

本田勝社長與筆者的結緣是在台日廣告人聚會場合。他魁梧高大，有鶴立雞群之概，初識就有深刻印象，而其童稚笑臉更是引人好感。

在深交後，本田勝社長向我談及他跨行經驗之種種過往：在大學畢業後一九五〇年代，就進入其夢想的東映映畫公司；在社就業不久就娶得影星為太太，一進就是人事部門，而得有近水樓台之喜；這樣，側身該部門一晃就是二十年。他一腦擁有人事管理、勞動管理豐富的相關知識，一臉具有逢人微笑、迎人鞠躬的謙和態度。

本田勝社長上任第一天，就不用社長室設備，反而把一張桌子排在房間中央，與員工共同辦公、共同作息。此舉不凡，引起所有員工之吃驚、好奇，產生被管束的害怕，也萌芽振興的期待。

本田勝社長的應對之道就是繼續笑臉迎人，時時如此，天天如此。最終，使幾年來愁眉苦臉上班的員工，逐漸打開心內鎖緊的門窗，而且加倍奉還：大家談笑風生，笑逐顏開，和樂融融。

本田勝社長云：「展開笑臉後，心胸就會開朗，而腦部會放空，創意源源不絕。」中國不是有「三上」之言嗎？亦即「馬上、床上、廁上」，都是在放空狀態下或得創作書文之靈感。以創意謀生的人，宜笑臉常開，使頭腦放空。這是一種職業訓練，也是人生修養。

誠信待人，提攜同業

本田勝社長以笑臉治理公司，以數字管理公司。他不在意公司在業界的排行順位，他在意的是一支廣告製片的毛利。製片的品質可自然提升公司的業界地位，製片毛利可提高員工的工作品質，而員工品質更是製片品質的提升動力。因此，他澈底追求製片成本的降低、製片售價的合理。他的廣告影片之售價、毛利、成本及品質之原則，經過再三說明，已滲入員工心坎裡，人人可在其設限範圍內盡情發揮各自才華。他授權，員工接權。公司經營如此轉衰為盛，而業界排名也悄悄地升上第三位。此名譽雖非其所要，然其追求的實力卻隱藏在其中。

本田勝社長因公司名聲和實力同步邁進，而得以入列日本及世界眾望所歸的ACC獎委員會常委。一九八〇年代，聯廣曾得到ACC獎及美國NYF獎；藉著得獎機緣，而得與本田勝社長頻頻往來，增加學習時日。聯廣在一九八〇年代葉明勳董事長主持時期業務鼎盛，時常邀請廣告精英來指導，如東京迪士尼樂園總策劃師堀貞一郎、CLIO獎總裁／EVANS和NYF獎創辦人／GOLDBERG和ACC獎得獎者本田勝、植條則夫等。聯廣除了邀請上述卓越人士指導員工外，還公開為彼等辦理經驗分享的講演，期盼聯廣自身有所長進外，更希望業界能雨露均霑，齊步並進。

本田勝社長也常在聯廣主辦的廣告影片欣賞會中呼籲：「廣告是給社會大眾提供購物指南之用，就像是給自己的家人、家庭的提醒和推薦一樣，因此在製片中要懷有關愛的心情。就是愛屋及烏的心理，將愛心擴及全社會。大家來努力。」其言適切正中人心，而其詞懇切投入核心。其來台講演並介紹解析廣告影片，不但聯廣得利，業界也得益。為社會眾益可分你我而爭利嗎？

本田勝社長不僅來台講演廣告影片之意義、影響，也接見前來該公司見習三個月一期的見習生。聯廣為培養人才，曾派遣員工至該公司見習，並參加其製片隊伍實際作業，見習後回國的員工個個表示實在價值非凡。問其價值何在？所獲答案是：「有團體作業的合力，有個人發揮的活力。」廣告創意來自團體的群策群力，但也需要來自個人的我思我見。

本田勝社長的好友：牧田老翁

本田勝社長出身於電影業界，因此其所交往的戲院老闆不少。有一天他和二十來個老闆來台灣觀光，我受邀參加其晚宴。在人數眾多的老闆當中，筆者認識了一位在大阪市經營連鎖戲院的牧田老翁。此後，這位老翁愛上了台灣，每季總要來台北一次，住進來來大飯店，先去泡個上海浴，來個腳底按摩，而後來瓶溫熱的紹興酒。在喝酒時總喜歡閒聊往事，常誇獎本田勝社長在東映公司擔任業務員時的按期訪問、推薦好電影、廣泛討論戲院經營、分析社會大眾喜好等，均使其受用不盡，是故極願與其做買賣。他說：「本田知道顧客的需要。」可見本田社長是具有行銷頭腦的社長。

透過本田勝社長認識這位連鎖戲院的老闆，確認其為正派經商後，介紹給在大阪行醫二十多年的國華老同事，他已從廣告人轉為醫師且卓然有成。之後，每年回台省親盡孝道的宮原醫師，常說牧田老翁對他照顧備至。幾乎每週邀請共餐，談些大阪事物，使他早日熟悉環境民情、歷史民俗、飲食味道等。宮原醫師稱讚牧田老翁親切體貼，對醫師融入異鄉生活甚有幫助，真感謝不盡。宮原醫師又常云見過本田社長多次，三人常聚餐，餐中常談台灣事，使醫師有如回到故鄉之感。宮原醫師有云，本田社長對牧田老翁執禮甚恭，能接觸有禮之士，在外鄉甚感安心。

安心於交牧田老翁與本田社長為友外，彼等三人又安心地同去吃河豚料理。牧田老翁認識經營河豚料理的店師傅。一年中，該店只經營可美味享受河豚料理的秋、冬二季半年，另半年則閒置著。其店入口狹小，只容一個人身進去，進去就無空間可站立，直接碰觸樓梯，樓梯甚陡，無法挺身走上去，而必須爬著步步高升。一旦上去，眼前出現的是一間偌大寬廣的榻榻米房。先上者必須轉身伸手來拉其後的爬升者。

經過這道上館爬升動作後，吃起去毒後口感鮮美的河豚料理，自然就感到格外享受而大快朵頤了。牧田老翁真會請客，先請客人嘗苦而後賜以鮮食。使客知先苦後甘之理，客又上了人生一課。

愛家愛友，一生無憾

本田勝社長請人吃飯，則無此人生哲理之過程。他去的餐廳總是料理有特色，酒中含烏龍茶，經理要美嬌，地點常在銀座或赤坂，均是一流之區。本田勝社長本性難移，遇店經理美嬌，就會笑著問：「想不想當電影明星？」是三句不離本行的「星探」。社長當星探並無不可，但此問則是展現了其職業病。電影明星難找，廣告演員難覓吧。

本田勝社長對職業認真投入之餘，對家庭也很照顧，每年均會在年底時節率全家來台度假。曾有一次，電影明星出身的太太想看其演員朋友在ＮＨＫ的《紅白合戰》節目出現，內人出主意邀其全家來家宅晚餐，飯後可隨客在客廳收看電視節目。紅白二隊對戰至深夜，本田太太起身道謝時說：「太太炒的米粉很好吃，比節目更令人難忘。」因此，以後遇到有更好的事或物時，本田勝社長就會說「賴家米粉」。結友親密至此，真是人間樂事。

本田勝社長在其任期內過世，出殯儀式於佛寺舉行。筆者帶著悲傷哀感去參加，一到告別會場只見一群又一群穿黑色和服的中年女性陸續成隊來獻花。陪伴帶路者言，是本田勝社長在電影拍攝公司與廣告影片公司時期所培養出來的當紅演員。美人送葬也算是人生一美。

總之，與本田勝社長交往，見習了其笑臉常開的險境處理，超越自己的人生態度，以放開心胸、以授權鼓勵來經營公司，以誠以信來對待他人，以關懷寬容來提攜同業等，實是模範學習對象。他助我專業成長，也助長台灣廣告影片業，是令人心存感謝的朋友。

退而不休的敬業廣告人：武藤信一

大約在一九八〇年代，剛從日本電通退休的武藤信一，獲邀擔任台灣聯廣副總一職，那年他六十六歲。當時，全公司上下正努力打拚，希望能達成年營業額約新台幣六億六千萬元的目標。

武藤信一：盡心盡力又謙遜的工作態度

聯廣董事長葉明勳接見武藤信一時表示：「聯廣現今突飛猛進，希望能藉助你的力量達成目標。」武藤信一則謙虛地回應：「我願意盡微薄之力。」

該年年底結算業績時，眼看只差幾百萬就能達標，聽到這個消息，武藤彎腰低頭地說：「努力不足，感到非常抱歉。」如此謙遜的態度，贏得員工們的讚賞與敬意。

我之所以會認識武藤信一，是透過市川立彥的介紹。市川當時在美商格雷大廣（Grey Daiko）廣告公司擔任主管的職務，先前是《讀者文摘》日文版的負責人，曾來台推銷《讀者文摘》日文版的發行與廣告，所以有過幾面之緣，卻未深交。

想起和遠親楊景璇董事長在交談中，多次提到市川，每每都帶著尊敬之意，所以我特別請他從中牽線，加強與市川的聯繫；因為那時候很需要日本廣告、傳播、行銷界的有力人士，幫忙解決聯廣公司日漸繁忙的業務，與人才缺乏的困境。

聯廣當時有三位具影響力的人物：總經理徐達光負責客戶業務，楊朝陽負責廣告策略開發，辜濂松負責財務調度，三人合作無間，各施其才；再加上董事長葉明勳的齊心協力，使聯廣在台灣廣告界快速成長。

徐與楊二人合作無間，所向披靡，但兩人常嘆接棒人才青黃不接，於是向外找尋適合的幹部。幸運地，在這個情況下，我被邀請擔任顧問，由此變成副總，再被賦予總經理重責。

我接下總經理之後，時常擔心業務成長的速度太快，導致服務不周。問題的根本，還是因為人才不足。負責業務的徐達光，也再三要求，能否從日本廣告界尋覓人才，以求在業務方面穩定成長。

聯廣業務成長飛速，急需日籍人才

於是尋覓日本的廣告人才就此展開，市川不久後就傳來消息，推薦一個從電通退休，目前在做義工的優秀人才。這個人既有四十年的廣告經驗，又從事教會義工五年，且精通英語，直覺地認為可交流一下。所以，透過市川，約在東京帝國大飯店咖啡廳見面。

一見面，看到這位日本廣告人彎腰鞠躬地說：「請多多指教，我叫武藤信一。」短暫交流後，知道他在電通擔任過製作局局長，專長是廣告訊息策略規劃、文案撰寫，曾得過無數的廣告獎。

問到是否願意離開教會的工作時，他淺笑回答：「目前教會的工作是企劃

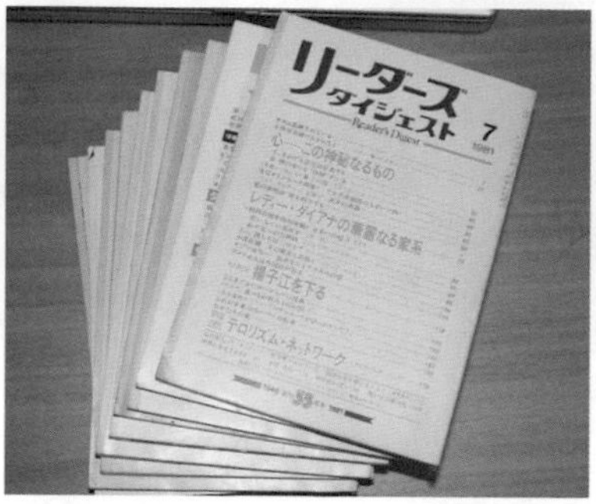

透過市川立彥的牽線，順利幫助一九七〇年代的聯廣，找到剛從日本電通退休的武藤信一擔任副總。市川之前曾為《讀者文摘》日文版做發行與廣告推廣。

製作文宣。過去曾受惠於教會，自電通退休後，決定當志工回報教會，工作不多，只是一片誠意。」聽到他這麼說，不僅佩服他在工作上的專業，還擁有一顆溫暖的心。想起先祖父曾說過：「吃人一斤要還人四兩。」武藤是會回報的人，這種專才能去何處尋找？

聯絡、報告、覆命，武藤的工作信念

武藤在擔任聯廣副總四年的期間，當時的辦公室在南京東路，後來搬到重慶南路的自有辦公室。由租辦公室搬到自己的辦公室時，我問武藤，這時對於日本武士而言是不是：「贏了戰爭，要更加緊頭盔綁繩！」他頻頻點頭稱是。

武藤剛來聯廣很快獲得員工的尊敬。例如：（一）逢人笑臉相迎。（二）會議準時開始，準時結束。他總提前到場，結束才離開。（三）信守承諾，能做到才答應，做不到則當場說不，中途有變化則會有中間報告。

在做事時一定會聯絡、報告、覆命，不會木已成舟後，才告知眾人，是個值得信賴的人。工作上，員工希望能獲得授權以方便行事，如果都能像武藤副總這樣聯絡、報告、覆命，則上司授權也會較方便與放心。

武藤上任後，製作單位的創意和製作都突飛猛進，時常精準符合客戶的市場需求，且打動生活者的欲望，其廣告作品在全球獲獎無數。武藤曾將這些經驗，彙集成廣告製作要點，當聯廣同仁請教他時，他就拿出這些製作要點，看看有沒有遺漏之處，這是用心就能領會的訓練方法。

此外，武藤也入境隨俗，很努力學習中文，雖有時會聽到他抱怨聯廣同仁日語程度不足，無法與客戶、主管溝通，常讓工作重做，浪費時間，更重要的是降低客戶對聯廣團隊的信賴感。

自願擔任聯廣同仁日文老師

當我得知這個訊息後，便開始思考：如何使聯廣的同仁都能懂日語，以增進客戶服務品質？如果在第一階段，就能有效溝通，則雙方都省事；如果聯廣同仁都能稍懂日語，則在尊重客戶方面會更順利。

有一天跟遠在東京的日本人講電話，對方時有華語參雜進來，使兩人的溝通更明確，於是靈光一閃，交代祕書請來武藤。我對他說：「你的建議很重要，這件事苦惱我很久。要訓練同仁學習日語，聯廣同仁大都很願意當學生，教室也有，就差教師。」說到這裡，武藤答腔：「我願當日語教師來訓練他們，說不定我也能從中學到華語。」語氣堅定、態度積極地答應擔任日語教師，讓我驚喜萬分。

於是聯廣日語班就此開課，約有十位同事共同學習，該班有不少認真的學生。開班三四個禮拜後，武藤來看我，有些得意地說：「學生素質不錯，都認真向學。」經過兩年的日語學習後，各部門開始會使用日語交談，雖有些口吃，卻不影響彼此的溝通。

當我離開聯廣後，聽到當時在聯廣期間學日文的葉菊蘭，在擔任交通部部長期間，訪問日本官員，不用翻譯，直接以日語交談，使日本官員大為吃驚，我也感到高興。

退而不休，無盡思念

武藤雖然醉心於台灣的生活，但執教鞭的欲望不曾停歇，來聯廣四年後，表示想回日本擔任專業學校教師，TCA（Tokyo Communication Art School），是一所相當知名專門培養訊息創作人才的學校。

多次慰留後，仍無法改變其心志。最後，從其口中得知，他是擔任校長，於是就從挽留轉為祝福了。

從此，聯廣雖少了一位強力的高級幹部，但武藤爭取來的客戶，依然對聯廣服務相當滿意；其所訓練出來的員工，對工作更為精巧熟練。無可諱言，聯廣能有這樣的成績，歸功於他無私的貢獻。

武藤信一以個人修養、專業能力、團隊精神，給了聯廣蓬勃的朝氣，和同事談起他，十分思念。共事合作四年，我敬他如兄，也衷心感謝我曾經有過這樣的好夥伴。

武藤信一擔任聯廣副總四年後，表示希望回日本擔任東京交流藝術專科學校（Tokyo Communication Art School，簡稱TCA）校長。這是一所相當知名專門培養溝通創作人才的學校。

台灣公益廣告的推手：植條則夫

一九六〇年代，我在國華廣告任職時，偶然接觸到一本名為《赤裸的電通》的日文書。因為剛進廣告界，國華廣告又和日本電通有業務往來，所以我興致勃勃地讀完它。然而，不意中發現其內文有和台灣事實稍微偏離的地方。於是寫了一封信給在大阪電通的作者植條則夫，說明台灣廣告業正在萌芽期，請他多關愛。

作者植條則夫回信表示謝意，並邀我到日本拜訪。可惜當時台灣正處於戒嚴時期，一般人不能隨便出國。

咖啡店一席談話，友誼從此而生

直到一九六六年，我幸運地被派去日本電通學習。在東京實習時，結識了在電通企劃中心的堀貞一郎。見習完畢後，前往大阪電通，這才實踐了多年的夢想，與植條則夫會晤。

那時，植條則夫任職電通製作局，負責撰文工作。據電通人說，他是創意的領導者，且負責主導重要客戶，如松下電器、馬自達汽車、三菱紡織等的市場和廣告策略。

我們兩人相見歡，就在大阪電通所設的咖啡廳聊天。他問了許多問題，尤其是有關國華廣告的經營者，及台灣的經濟和政治狀況。當時我已是業務處長，對他的詢問，都能對答如流。話能投機，友情從此而生。植條則夫雖與我同年，但在廣告方面他是前輩，且在日本廣告界已大有名氣。

植條身兼三職，仍不忘充實自己

除了電通客戶的業務外，植條則夫也忙於關西公共廣告機構的籌設，這個機構是由三得利主導。

有一陣子，植條則夫身兼三職：一是電通幹部，二是關西學院大學教授，三是關西公共廣告機構企劃師。此外，他每年夏天總要到美國蒐集資料，並訪問美國紐約麥迪遜大道上的著名廣告公司。透過年年訪問紐約廣告人士，使他的廣告視野更寬廣，廣告創意更多元。

這好幾年的磨練，讓他的創意更為精進，一方面是商業廣告，另一方面則是公共廣告。在商業廣告方面，植條則夫已是眾人之師，並有一本著作，書名是《植條則夫文案教室》。從書名就可知他在廣告業界不可動搖的地位。

而在公共廣告方面，則有另一本，書名為《公共廣告會改變社會》。從書中所列的日本公共廣告年度主題，和美國公共廣告年度主題來看，就可驗證書名，展現廣告的社會性。這裡摘要列出部分主題，有：

・公共心、自然保護
・自然保護、捐血運動
・環境問題，公共態度
・志工、福祉（兒童、老人）
・霸凌、教養、青少年問題
・溝通、導盲犬、自殺預防

而美國方面則有：

・防止幼兒虐待、犯罪預防
・考試作弊、防止家庭暴力
・防止飲酒開車、加強消防
・父親的力量、捐出五臟器官
・環境保護、教育改革

植條則夫在商業廣告領域，著有《植條則夫文案教室》（左），在公共廣告領域，也寫了一本書，名為《公共廣告會改變社會》。

・澈底管理槍枝、3R運動（減少浪費、重複使用和回收再利用）

從商業廣告投身到公益廣告

後來他到了退休年齡，就從商業廣告創意人，搖身一變為公共廣告人，把專業技能奉獻給社會大眾，不再局限於為商業服務。

之後，植條則夫寄給我的資料，總是公共廣告多過商業廣告，這讓已有商業廣告常識的我，開始對公共廣告產生興趣。

一九八〇年代，植條則夫來台的機會較過去多，原因是聯廣業務量增加迅速，廣告創意愈顯重要，除了派遣創意人員赴日學習，也邀請日本優秀的退休創意人來聯廣指導。

當年聘請來聯廣擔任副總的武藤信一，就是從電通製作局局長退休多年，得獎無數的創意人。植條則夫在聯廣遇見武藤信一時，行九十度鞠躬禮，畢恭畢敬地雙手緊握，聯廣同仁看到都大為驚訝。其實，這是日本人對前輩的尊敬表示，我們很少見過，才覺得不太習慣。

武藤與植條二人都是電通出身的創意人員，又都是得獎無數、享譽業界的人士，能受他們教導，是我們的福氣。

植條則夫來聯廣指導，獲益者是聯廣員工。但當時任職於聯廣的我認為，在業界居於首位的聯廣應該要有氣度，負起提升廣告界社會地位的責任，因此公開舉辦演講，邀請廣告同業、企業、學校參與。

植條則夫除了談他廣告創作的經驗外，也提到公共廣告的社會需要。他的侃侃而談引人入勝，演講結束時更是掌聲如雷。他有如公共廣告概念的傳導者，令人想起電通前社長吉田秀雄，在一九五〇年代末期對台灣的企業諄諄善誘，講述廣告業對國家經驗和社會的重要性。

植條則夫一生從事商業性的廣告，並推動廣告的社會性，經歷令人讚佩。

因為好鄰居基金會，兩人友誼不斷

一九九〇年代，我承統一超商的好意，負責推動統一超商出資成立的好鄰居基金會會務，其中有二項需要持續的會務：一是在台灣推廣清掃活動，進行

賴東明任職於聯廣董事長時，邀請植條則夫（中）、鹽澤彰光（右）來台分享日本綠色行銷的成功案例，也向台灣企業傳遞企業社會責任與公共廣告。

環境保護；二是推薦身障學生赴日遊學，而遊學一年的學費和生活費等，一概由樂清（Duskin）出資設立的日本愛心輪基金會負擔。

樂清有一項著名的經營模式，那就是在公司朝會上讀佛典《心經》。樂清為企業提供的清潔商品租借服務及銷售相關清潔用具，在台灣有口皆碑，連投資的多拿滋連鎖店甜甜圈，也受人喜愛。

好鄰居基金會「清掃台灣環保世界」的義務善行，讓我有機會上山下海撿垃圾，也能陪身障學生赴日參加開學典禮；更因為參加一年一度的愛心輪開學典禮，有更多機會與植條則夫見面，喝咖啡、吃拉麵等，隨著見面的時間增長，對公共廣告的見聞也增加不少。

台灣公益廣告協會的源起

因為好鄰居基金會的關係，台灣英文雜誌社董事長陳嘉男、前統一超商總經理徐重仁和我三人，常常見面。植條則夫來台時，三人就共同宴請他，也有機會接觸公共廣告的話題。

我們三人在推動「清掃台灣環保世界」之餘，對台灣的社會亂象也很關心，紛紛提出各種匡正的方法，但自認力微而難以服眾。

陳嘉男表示，有形的環保易做，無形的環保難保，連聖嚴法師也常提到「心靈環保」的重要，這句「心靈環保」刺激了我，也激起了創意。

三人閒聊時，一致認為台灣也要推廣公共廣告的概念。陳嘉男謙虛表示，自己不知如何推動公共廣告，但可幫忙籌募經費，「會務由你賴東明來負責」。徐重仁順水推舟說：「賴東明熟悉廣告，由他出面容易徵得會員，我則派人協助業務。」在有理念、人力和經費的狀況下，「台灣公益廣告協會」開始進行籌備。

討論組織名稱為公共或公益時，大家都認為「公共」有政府行政的含意，公益則有積極行善的意味，因此決定為「公益」。

受植條邀請，參與國際公益廣告事務

二〇〇三年「台灣公益廣告協會」成立，邀請了當時在日本公共廣告機構

（於二〇〇九年改名為AC Japan）擔任專務理事的植條則夫來專題講演，他很高興在公益的善行路上多了一個夥伴。

台灣公益廣告協會也邀請廣告主、廣告媒體、廣告公司等，一起共襄盛舉，建造和諧的社會。協會會務由我初試啼聲後，接著由徐重仁以龐大資源、強大動力，將「公益行善」傳播給社會。目前則由熱愛本土、熱心公益的義美總經理高志明主持。

幾年前，韓國釜山為爭取設計之都而展開城鄉行銷，舉辦國際公益廣告研討會，台灣受到植條則夫的力邀，同赴釜山參加學生級「公益廣告創意比賽」。我因為在政治大學開了廣告課程，因此率領五名政大學生組團參賽。共有韓國三團、日本二團，和台灣一團參賽，台灣政大團最後獲第二名榮耀歸國。

從我寄信給植條則夫開始，兩人細水長流地往來已有五十年，維繫兩人感情的正是商業廣告與公益廣告。他促成三位關心台灣的老人，成立了「台灣公益廣告協會」，讓台灣急起直追，緊跟在美國和日本之後，成為有專門機構的國家，這真是難得的殊榮。

2010年台灣公益廣告協會推出「少吃肉，救台灣」廣告，邀請AC Japan來台交流。左起AC Japan廣告協會專務理事草川衛、顧問植條則夫、台灣公益廣告協會榮譽理事長賴東明、常務理事陳嘉男、理事長徐重仁、副理事長蔡振豪。

美國公共廣告協會成立已有七十年，日本四十年，台灣三十年。台灣的行善人士不少，希望台灣公益廣告協會能播下更多有益社會善事的種子。

具有社會學博士學位的植條則夫，是台灣廣告人該感謝的人，也是我心感敬佩的人。

上：台灣公益廣告協會的誕生，受到植條則夫常年推行公共廣告的啓發與幫助甚多。左起AC Japan廣告協會顧問植條則夫、台灣公益廣告協會榮譽理事長賴東明、理事長徐重仁。

下：2012年台灣公益廣告協會理監事會議上，第四屆理事長由義美總經理高志明當選（左二）。右二為創會理事長賴東明，右一為祕書長陳玲玲，左一為榮譽理事長徐重仁。

第三篇

感謝廣告路上的緣分：這些人，那些物

增我知識，惠我人生：影響我此生旅程的貴人們

賢妻相伴，行走五十年廣告人生

在農村教書時，去參加中一中同學林景賢的聖誕火鍋會，經人介紹認識了蔡雪梅小姐。

由朋友，至戀人，而至太太，一路走來五十多年。感謝同學林景賢的介紹，給了我相伴的人，給了我有勇氣繼續行走廣告人生路五十年的伴侶。

有她陪走五十年，在廣告人路程中所遭受的辛苦、低薪、挫折、衝突，均能化險為夷，安然渡過。她給了我勇氣持續走了半世紀的廣告路。

由衷感謝她陪伴了需要有勇氣才能走的五十年廣告人生。感謝。

感謝許炳棠總經理，給我機會進入國華廣告

唱針或唱盤壞了，老是跳針，重複老調子，因此自知該要另尋出路。教書一職是中一中同學陳孟鈴推薦我去的，然三學期教來卻有職業疲倦感。

就在這時看到一則求人廣告，有家名不見經傳的公司在招募會計人才。雖不懂會計，然抱希望就投遞了自薦信。信內訴求：既需會計人才，則見公司需人殷切，或有機會能成為增加公司財務營收的業務人才。

當時正是將過舊年春節前時分，幸而信未石落大海，獲回信去面試。經過常識、人生、語言測試，終獲應允到國華廣告公司上班，日期是一九六二年二月五日（舊曆正月五日）。

雖不知廣告是何物，自薦是冒險，然年輕人就是有這種衝勁，敢向自己前程冒險。

舊曆初五帶著內人來台北，並速速趕去漢口街國華廣告公司報到。這一天，這一地，是決定了我從今此後人生的第一步。

許炳棠總經理給了我半生職業的機會。真感謝。後來因台中有家務事，遂辭職離開自己喜愛的公司，自己投身的事業。然而，離開國華廣告後必定每年舊曆正月初五去拜訪賀年，直至確定再無復職機會之後才停止。

與吳進生和王彩雲夫妻一起，創辦《動腦》雜誌

就在離開心愛的國華廣告而忙於家務事時，突然有一對男女青年登門來訪。是吳進生和王彩雲，兩人是一家廣告公司的同事，從事百貨店的廣告代理業務。

二人云：「極願為廣告業界做一點事，具體的工作就是辦理雜誌出版來服務廣告人。只是萬事齊備，尚欠東風。真想邀請賴先生來擔任發行人。」

我深知發行雜誌之辛苦，想勸其免了，也深覺出版人真勇敢。如政大教授張任飛創辦了《婦女世界》成功後，再創《綜合》月刊雜誌。又覺廣告業界有郭承豐夫婦之神勇，創一刊停一刊，再創一刊，再停一刊，廣告人應感謝……

除此之外，廣告人接受新知識之來源幾乎是荒漠枯泉，真可憐。可憐至毫

無創意狀態。所幸那時尚有《國華人》刊物，樊志育先生在苦撐，但它畢竟僅是內部刊物。

問此雄心勃勃的一男一女，關於雜誌名稱、編輯內容、財務來源、各種人才等問題。彼等均能對答如流，且在問答中不時透露其志已定，箭在弦上，蓄勢待發。遂鼓勵之，承諾會促其有成。

感受其志堅，其意善，幾天後乃答應出任發行人職務並與之創辦《動腦》雜誌。真感謝吳進生、王彩雲給我擔任發行人的經驗，並感謝這一對夫婦持續堅持信念，並使《動腦》如今享有聲譽。

內人也在《動腦》創刊期協助發行，在街頭向陌生人推銷，在校門口向學生推銷。她雖未列名於《動腦》員工內，卻有功在推銷份數、品牌建立上。吳進生和王彩雲不時會將其謝意掛在嘴邊，感謝內人創刊初期的義工行動。

朱守谷老師與顏水龍主任，開啓我廣告教學之門

就在忙完了家族事務，又奠定了《動腦》創刊事宜後，實踐家專（實踐大

學前身）的朱守谷老師找上門來了。

朱老師說，奉顏水龍主任之命，請我到實踐家政專科學校教授有關販售美工藝品之課程。這段期間，我正閱讀有關產品與商品的概念之異同，對朱守谷老師之提言不假思索就答應，一週後回覆。

益東公司所生產的是房子產品，但要販售至市場，則對一幢房屋要有不同的解釋。建造一幢房屋，先要有工人立場的想法——堅固耐用，而後要有商人的想法——舒適好用，如何將工業產品轉換為商業用品，要有適當理由來說明。

對於將工業產品轉換為商業用品，「產銷學」才有用武之地。而自己慶幸置身於其中。探索雖辛苦，一旦獲得相當程度的答案則也有喜悅。然後找書用功對照，他人之言是否印證自己之發現。

在有心得及印證之後，一週後向朱老師提議：「不教有關推銷產品的廣告術，願開有關開發商品的企劃法課程。」

改變對方的提案，實為斗膽。然而，朱老師認為學問本是多方多元的，只要自成一理就能使學子得益。

事後回音，顏水龍主任贊成思考流程由商品行銷提前至產品企劃的教授。顏水龍主任，不僅在台灣繪畫界享有盛譽，在日本藝術界亦享有好名。

決定就聘後，即與朱守谷兄前往拜訪顏水龍主任。小小個子，白白頭髮，微微笑臉，交談之下方知顏主任與家父相識。頓時悟出此番接受教職應有全力付出之必要。不僅感謝顏水龍主任之愛顧，也感受背後有父親之壓力。

由此，開始了十多年的實踐家專之兼授行銷課程——商品觀，而後擴展至政治大學廣告系所之廣告策略，亦有十多年，也曾在文化大學兼廣告概論十年左右。

三十年來的教書，增我知識，惠我人生，實是朱守谷老師的啟門引介。真是人生路上遇到的貴人。

就在離開國華廣告一兩年後，做了家族事務的益東公寓蓋屋行銷，也創辦了《動腦》雜誌，並接受了實踐家專兼教等三項值得留念事。這段期間，雖未置身於業界卻心繫廣告：如益東的廣告刊出以利銷售，如《動腦》雜誌的服務廣告，如實踐家專的教書以推廣廣告。

歲月易逝，然走過必留下痕跡。那些腳印是否鮮明，自己未知，只留他人鑑定。不過，心底依舊留有感恩之情，感謝給我這些機會的親朋好友或陌生人。

李炳桂先生邀我入扶輪社，益我一生

在聯廣擔任顧問期間，接到勝豐貿易公司總經理李炳桂的電話，邀我一同用餐。他的邀請簡單明瞭：「下星期二，中午十二點，在統一大飯店十樓，我在電梯口歡迎你。」

於是依約前往，電梯門一開，果然見其笑臉迎我，並伸雙手握我手。依舊不改其熱情待人本色。

他把我引進一個會堂，場地整潔、乾淨，噓寒問暖，聲音帶笑，好個令人倍感溫馨所在。開會在主席一敲鈴響下展開，有出席率報告，有歡喜錢之捐款，還有專題講演。筆者初次接觸此場面，真有目瞪口呆之新鮮感。兩點鐘一到，眾人在主席散會鐘聲下各自離場。李炳桂總經理先邀我下星期再來，後問我感想。我則回答：「有興趣再來。」

如此再去一次，又去一次後，李炳桂先生說：「我幫你入社。」於是送去個人資料。斯時未知職業對入社之重要性，隨便填寫了台中益東。被退回，乃改填寫台北《動腦》，終獲通過而成為台北北區扶輪社之一員。參加過很多扶輪服務，迄今已有三十九年。李炳桂先生開啟了一個社會服務之門，使我進內享受近四十年的「友誼與服務」。真感謝他。

李炳桂先生在台北北區扶輪社員中堅拒擔任社長職務，只是他的二作為卻有深遠影響。其一是捐獻：扶輪社的四大服務（社務、職業、社區、國際等）在在依賴各個社員之年年捐獻方得成事。李先生將整筆化為無數個小金額，於週週捐獻。此小額捐獻於年底結算時會成為巨額捐獻。方法不同，但結果優於一般做法。其二是聯誼：扶輪社員來自社會各行各業，且是各界領袖人物，各有其行事風格。社員穩定率，尤其在初進三年極為令人擔憂。

李先生雖然不擔任社長，為了降低離社率，以扶輪社之根本原則——「聯誼的服務」來穩固人心。他的方法是每年八、九月的新服務年度起始不久邀請新進社員聚餐。

此聯誼餐會從我任社長（第二十九屆）那一屆起始，進行幾屆後受邀新人均有口皆碑。後來李先生生病住院，繼續交代四十二屆社長馬長生辦理。馬社長之後也年年舉辦，直至五十一屆社長蕭榮培才將其作為體制外的社務服務辦理，而求已由社長辭任的筆者出任主委。

扶輪社長主持社務百事待舉，然一旦卸任則兩袖清風。如今有閒差事可行，何樂而不為呢？於是定名為「箍桶會」，對象為新進三年內社員，由筆者出面邀請曾任地區總監級、國際扶輪總社理事級者來擔任講師，加強灌輸扶輪知識。並承接李炳桂先生之聯誼宗旨，加上扶輪服務、扶輪歷史、扶輪經驗等，來廣泛邀請扶輪賢人。該箍桶會迄今尚持續中。

人云台北北區扶輪社的箍桶會很具特色，這真要感謝當年（一九九七年）李炳桂先生發起聯誼餐會。他不只如此照顧我，也曾為我向國華廣告公司爭取退休金。

他是個好廣告廠商，是社會賢達，是令我一生感謝的人。

時時刻刻，以筆記錄生活：我所獲贈的鋼筆與原子筆

在大學生時代曾有寫日記的習慣，但未能持續多久，如今也不知那些日記本收到哪裡去了。進了國華廣告公司，按公司規定，天天將大小事寫在國華所發給的「工作日記」上。該日記本是每週要呈報的。如那些本子有留存的話，當今要寫那些年的趣事應該會易如反掌。唉，真後悔莫及。

進了聯廣就改用年曆記事簿做紀錄，將每日事務以簡潔幾句記載下來。然而，如今要靠這些隻字片語尋索當年事，也著實要費上大半天工夫。

不善記錄，又記性不佳，遂使過去歲月痕跡一片模糊。然不管日記本也好，記事本也好，總要有將字寫在其上的筆具。

至於筆具，則仔細留存了下來，而有助於廣告事業回憶。

送我派克21鋼筆的二姑丈：「二二八」受害者

許炳棠總經理發給的國華日記本上，有二姑丈送的派克21鋼筆之筆跡。二姑丈是「二二八事件」的受害者，其父為營救他曾將所擁有的白色大樓賣光，那是他老人家一生賣米所積蓄而興建的四間連屋店面。

二姑丈在任職於台中市消防大隊副大隊長時被陷害，而無辜入罪。二姑丈因職責在身，在「二二八事件」發生時，將官員太太們集合於一處所，加以保護。這些官員太太均屬於特殊身分者，有異於市井小民、販夫走卒。

為使彼等免於飢餓，二姑丈乃邀消防隊員家屬來做飯。這些受過日本教育的隊員家屬，遂以最快速度做成日本壽司，供應身分特殊的官員太太。日本壽司是以特別食材做成，因怕飯菜容易腐壞乃加些醋於其中。然而，誰知此壽司做法竟得罪了官員太太們的飲食習慣。

事件後，二姑丈為此被問罪入獄。顯然是放醋於飯中以防腐而受罪。然而，吃過日本料理的人（尤其是散壽司、卷壽司），應均能賞識此淡淡醋香的風味。文化不同，以致生活品味也大有差異。結果，此淡淡酢香竟害慘二姑丈，社會地位及其家產一夕喪失。

二姑丈獲得平反後，從事米糠油製造，須不時來台北辦事。每當其辦完事就會來國華廣告探頭，並招我去延平南路麗都日本料理店吃握壽司。壽司味香，也握出酢味香淡淡。起薪八百元的我，覺得它就是人間美味。

二姑丈後來在台中工業促進會任總幹事。有一次前往香港出差，帶回一枝派克21鋼筆送我，並說：「別亂寫！」那時候台灣正處於戒嚴時期。

電通專務島崎千里送我百樂鋼筆：「祝你成功」

二姑丈嘉許我選了先進職業——廣告。而與日本電通公司合作的國華廣告公司也設立於漢口街。在辦公桌拚命撰寫廣告企劃案時，祕書傳來總經理有請。於是上樓入室，見有位身材魁梧，帶黑框眼鏡的近六十歲男士也在座。看到我，就站起來說：「聽許總說，你勤於做事，忠於廣告，年輕的你，真是難得。」停頓一下，從胸前口袋掏出一枝筆，對著我誠懇地說：「這枝筆送給你，你可當作有伴在身旁。有事寫信來，我會助你成功。」送我身上物，祝我成功，此人多麼親切，多麼愛護！此人就是電通的專務島崎千里，曾在滿洲國任職。最後，他再幽默一句：「與女人談戀愛也要記得廣告。」他送我的筆是百樂鋼筆。

當時我已結婚，不必與女人談戀愛；但我用那枝筆與廣告談了戀愛。如今使用該品牌的新筆在撰寫此文。

張任飛所贈廣告業務員競賽首獎：克魯司原子筆

在漢口街國華廣告任職業務員時，創辦《婦女》雜誌、《綜合》月刊的政大兼任教授張任飛來訪。云：「想辦雜誌的事業競賽，在十個廣告公司設獎，發稿最多的業務員可領獎。」這是年度競賽，是鼓勵獎，是發行促銷。

張任飛發行人的獎勵業務員措施，正是他促進廣告收入的辦法。廣告媒體的《婦女》雜誌、《綜合》月刊會得利，廣告代理的十家公司也會成長。

在雙贏的首年，我得到十家廣告業務員競賽的首名，得到了一枝克魯司

（CROSS）原子筆。這枝筆是金色的，從不曾見過，寫起來滑潤得很，生平首次驚喜經驗，創造了紀念。

因價值非凡，後來有機會感謝人時，就以克魯司原子筆作為謝禮，甚受收禮者之讚聲。

張任飛發行人推廣了《婦女》雜誌的廣告業務，就是以競賽來給獎。後來，創辦《天下》雜誌之一的高希均，也以給獎出國來打開其初期業務，也獲得成功的基石。

先前有派克鋼筆與百樂鋼筆，如今又有克魯司原子筆，於是交互使用於廣告業務上，事有鉅細，案有大小，件件輪流使用之，如此記錄著廣告有關事務。

ADK廣告公司稻垣正夫會長送的S牌鋼筆

有一年陪同日本ADK廣告公司創辦人稻垣正夫，去拜訪時任行政院副院長的前中華汽車公司總經理林信義於其官邸，對台灣的社會、經濟、政治等多方交談。

會談完畢，稻垣會長各送鋼筆給與主客二人，獲得的鋼筆是日本製的品牌S。他誠心地祝福：「請寫下台灣廣告的輝煌歷史。」真是受寵萬分。豈有能力去創作歷史，所能者就是記錄事實罷了。不過，對稻垣會長的期待則心存感謝，只是一直以來未能實踐之，心內甚感汗顏。

上述四位先賢或長輩贈我名筆，要我以獲贈之筆記錄生活、人生、工作、時勢等。說來實在值得寫出或記錄彼等所關心的台灣廣告史的成長演變，只是個人才淺未能完成先賢之願，心中有愧。

扶輪前總監佐藤千壽惠贈德國M牌鋼筆

廣告業屬服務行業，扶輪社則對社會提供服務。下述兩位扶輪賢哲，則要我記下扶輪服務並且語重心長說：「為後代留事蹟。」

有一位是日本東京都地區前總監，也是一家先端科技產業的創辦人——佐藤千壽會長，他致力於台灣與日本間的扶輪親善。

扶輪社在世界上共有四萬社，社員有一百萬兩千人以上。各社與各社間各有聯誼，互相往來。國際扶輪世界總部又每年舉行世界年會於世界各國，而台北曾於一九九四年舉辦過世界年會，其年會主題是「乾杯在台北」，即將到來的二〇二一年又有世界年會要在高雄舉行。台灣可藉此機會再度廣告於世界，展名於國際。

透過世界會議促進國際間親善，尚覺有隔靴搔癢之感。若有雙邊之國際親善往來，則會有更深厚的親密善意感情交流。

台灣與日本，就在佐藤千壽愛台深切心願下，獲得台、日雙方有識之扶輪人奔走籌備，終於成立「台灣國際扶輪親善協會」，日本亦對等成立，台灣方面由最熱心、最出力的林士珍（台中地區前總監）出任首屆理事長。

在林理事長領軍下，台灣國際扶輪親善協會曾捐款給日本「三一一」東北三災災害救濟金。日本方面的親善會則以此為基金設立獎學金，名為「和風獎學金」，以助受災的失親大學生。此項捐款發揮了甚大社會功用，屢獲日本扶輪人的口頭或書信文章的肯定與感謝。

我現在常用來書寫的筆，即是佐藤千壽前總監贈送給我的，是精細聞名於世的德國製品牌M。時在災前的佐藤千壽先生九十歲壽宴上，他老人家很體貼地將我姓名刻在筆尖上，使人愛不釋手，立志要寫台、日國際扶輪親善交流事，曾多次發表於《講義》、《扶輪》月刊等雜誌。

永記玉屋亮平會長所贈M牌鋼筆與櫻花樹苗

與佐藤千壽前地區總監常相伴的還有一位前地區總監其名為玉屋亮平。他擔任一家旅館的會長，經營於千葉幕張國際會展館邊，旅館名為Hotel the Manhattan，館內展示著很多歐洲石膏像，和德國製的陶瓷品。更令吾等高興的是，在其大會堂牆上高掛著台灣鶯歌產製的馬賽克「蒙娜麗莎」瓷像。該飯店經常在大會堂內，或走廊上舉辦音樂會，做扶輪社區服務。

玉屋亮平會長於五六年前開始捐櫻花樹苗給台灣，種植於烏山頭水庫及其周圍。其位置有三處，水庫堤防、舊員工宿舍、八田與一墓旁。該些樹苗因年年捐贈關係，櫻花會有盛開或含苞待放之參差現象。但，總比日本櫻花早綻人間。那百餘棵左右的櫻花樹就交由受贈單位的嘉南水利會管理。真是台灣泥中有日本櫻花，日本櫻花中有愛台盛情。如此，年年開著台日二國親善鮮花，且代代能傳承。

在首次捐贈會舉行於詩情畫意的烏山頭水庫湖畔時，玉屋會長送我一枝他所愛好的德國製M牌鋼筆，以誌永久情誼。正在使用以記錄往事之此筆，正是玉屋先生所贈送的。讀者們，是否能於字裡行間感受到殷殷謝意呢？

自從一九九八年以國際扶輪總部社長代表來台指導三五二〇地區年會，我被分區地區總監任命為其隨扈後，兩人四天三夜的相處建立了友誼，是透過扶輪服務而產生的人間友誼。

彼此締結友誼乃意外之喜，其結果是烏山頭水庫周旁年年盛開的櫻花，既造福人群，也見證中日親善關係。吾等台灣人，可就近在本地台灣欣賞櫻花，不必再遠飛到日本了。

有生之年能目睹烏山頭櫻花盛開賜給台灣賞櫻人，真是幸事。筆者用玉屋會長所贈送的M牌鋼筆，真誠記載了將會流傳於後世的二國扶輪親善事蹟。但願象徵台、日二國的烏山頭水庫湖畔櫻花能代代相傳，永不斷絕。

總之，筆能記錄人生。送筆者之心意，可通過受贈者用筆記錄下來，將此世間美善事蹟代代相傳。感謝送我筆的人。

賴東明夫婦與土屋亮平夫婦於台灣合影。

讓我忙裡偷閒，調適身心：那些日常生活受用的贈品

一日緊張後的一杯啤酒令人倍感舒爽，一日奔波後的一杯茶使人頓覺輕鬆。因此，休息片刻，或短時段放鬆，是繁忙生活者維持健康之方法。

雖說調適之道在己，然他人之提醒亦是調適之妙方，值得心存感謝。或許眾親好友見筆者早出晚歸，零例無休，繁忙一日，於是陸續收到表示關愛的各種休閒道具，提醒我調適身心。

贈我休閒道具，給我機會，遊玩或休息片刻，真是要感謝這些善心人。

吳翠珍教授送我馬克杯：「祝你生日好。」

吳翠珍是政大教授，專攻新聞解讀，是新聞局在一九九〇年代主辦「廣

播電台評鑑小組」活動的一員，對廣播電台的新聞節目之播報提供無數真知灼見，使電台台主或製作人口服心服。

就在評鑑工作進行當中，她在政大教師休息室裡，送我一個馬克杯，說：「祝你生日好，願評鑑工作成功。」她真是有心，有心於廣播的改善。

小組主委原由馬國光教授帶領，他有事請辭，就由筆者接任而主領小組七人完成全台電台之節目評鑑工作。當時主事者是課長洪瓊娟，她有做事能力，有思考能力，有包容能力，是不可多得的官員。

可惜送我馬克杯的吳翠珍教授英年早逝。她送我的馬克杯二十多年了，依然完好如初。可嘆！可惜！

堀貞一郎贈與親手燒製的小酒杯

馬克杯比小酒杯大很多。小酒杯的贈送主是堀貞一郎，他曾是東京迪士尼樂園的總策劃師，使樂園一炮而紅並歷久不衰。雖然興事轟動絕非一人之力可為，但他應居首功，此乃眾人共認之事實。

他在電通公司時是創意中心的幹部，曾發想出「交通安全」的全國活動，其口號為「舉手過馬路」，獲得日本警務大臣的表揚。他又以製作人製作富士產經電視節目名為《11 PM》，創造收視率第一的紀錄，使默默低聲的富士電視台揚名多年。他又以小說寫作兒童讀物《魔法的鉛筆》、《最上川物語》等，獲得東京市政府市長獎。他曾是日本觀光協會之顧問。

他又是陶瓷玩家，在熱海觀光勝地有個窯，曾燒出五個小酒杯及插花瓶贈我，對著我和內人說：「人生別太勉強，要適時適所能玩樂。」於是，每次在家小酌都會拿出來用，以紀念之。

他曾應聯廣公司之邀來台專題講演無數次，並指導聯廣廣告作業，真是難得的人才與朋友。可惜於前年去世，筆者聞之，抱病赴日弔唁。

箱根山間料理店的木製小杯

有一年國際行銷傳播經理人協會在東京舉行國際會議，會後整團前往日本觀光勝地箱根遊覽。箱根有溫泉著名於世，又有高山峻嶺當關聞名，又有杉林遍野令人喜愛。

在一家箱根山間料理店用餐時發現有一竹盤盛滿著木製小杯。主人云：「是當地木材製成，只剩這十來個。」聞之雀躍，又嗅之有杉木香味，乃全數買下，送給全隊團員，每一人一個木杯。帶回台北後，每當廣告工作有成，就用之小酌一番，以酒慰自己，以杯慶自己。

日本行銷協會會長鳥井道夫相贈球衫

以酒調適生活似乎是可以的，然以排汗運動來鬆散緊張似乎更好。日本行銷協會會長鳥井道夫（時任三得利酒廠副會長），在會後打球時送我一件美國著名品牌襯衫。大小合身，顏色明朗，穿在身上極感喜愛。之後每受邀打球，就穿於身上一顯身手。自感為追趕那個白球而汗流浹背，有益於身心健康。

鳥井道夫會長曾籌組亞太行銷聯盟（Asia-Pacific Marketing Federation），並舉辦國際行銷人員認證制，台灣作為聯盟一員，在取得認證方面表現優越，深

賴東明所收到調適生活的禮品。

受會員國稱讚。聯廣曾提供事務人員一位、講課教室一間，共同推動國際行銷人員（CPM）認證制度。

圡屋亮平送我朋友打造的球桿

時間會稍縱即逝，也會姍姍來遲。在獲贈球衣後，突然從區總監手上獲贈一支球桿，是圡屋區總監友人親自打造的產品。獲贈推桿成了每次打球時的必備品，而原有之著名品牌推桿就閒置在球袋裡。

圡屋亮平區總監經營旅館於千葉縣幕張國際會展館周邊，常利用其旅館空間，如大廳、會議室、走廊等舉行音樂會，使用一百年鋼琴，以進行其社區和睦活動。又，在台灣烏山頭水庫上及周圍種植櫻花樹苗，迄今已有七年，早種的櫻花樹苗有的已長大開花，娛我鄉親。

圡屋亮平地區總監的作為是扶輪人的最高服務行為，值得吾人追隨效法，既服務又運動。他推出的扶輪服務，件件正如其推球進洞，桿桿動作令人鼓掌不止。

電通成田豐社長贈送長野冬季奧運錶

推桿要準，而時間計算也要準。

成田豐先生曾任電通社長，在電通百週年時所舉辦的紀念活動如下：（一）搬入新社屋，社址在汐留。（二）股票公開上市。他意欲在台灣建立第二個營業據點，因此，想從國華與聯廣當中擇一為合作夥伴。國華的優點是合作多年關係深，有人情存在，而聯廣的優點則是廣告作業科學化，公司聲望日隆。結果是「與你擦肩而過」，成田社長給我的信如此感嘆自己。

就在電通探視時成田社長曾送我一隻紀念錶，是精工牌的長野冬季奧運錶，是動力可儲存的自動手錶。意謂人生要貯存實力，真是意義深長。

聯廣未能與電通產生資金、業務合作關係，是筆者廣告人生當中的一大憾事。然時不我與，真是八字欠佳，時運不順的時際，又有節外生枝之事發生。

辜家要培養其後代，以其財力到處收購與廣告有關係之傳播、公關、製作等公司，於是聘請在其他廣告公司任職者來升等經營聯廣。也許水火不相容，舊新不相吸，出現混亂形象。東家要培養新血，意欲擴大其傳播集團，於是請熟手的董事長葉，總經理賴下台。

壯志未酬，雖不至於死不瞑目，卻也是人生憾事。然而，無事一身輕時候卻有廣告本業外之相關事務接踵而來。

德國人與德國錶：刻苦、精細、準確

MCEI東京的會長水口健次介紹其會員來，他在新潟地方主持日本酒製造同業公會，意欲來台灣拓展市場。筆者就以個人身分協助之，舉辦了兩場品酒會，邀來台北市著名料理店、餐飲店之老闆、主廚。收穫頗豐，獲贈德國製手錶一支。德國人刻苦、精細、準確，德國手錶也代表酒會的成功猶如該手錶，真是受寵若驚。直至今日已有約十五年，對準太陽能鐘，依然準確無比。

高級格調、準時無差的描述可用在日本市場協會祕書長濱田嘉昭身上。他在電通公司行銷調查局擔任次長時，三得利公司副會長鳥井道夫正在籌組日本行銷協會（JMA），被徵召（當然也有電通公司之同意）。濱田嘉昭執行長就任後，拋開電通色彩而全力為日本的行銷界推動商品行銷的理論與實務。因此，其會員來自商品產銷界、廣告實務界、媒體傳播界、學校教育界等各領域企業。

日本和光堂領帶：優雅、美妍、高尚

有一年，初任聯廣總經理當年，有不速之客來訪，只見其笑臉對人，頭面整潔，西裝筆挺，領帶別致。坐定後，說是電通成田社長介紹來的，一盒薄薄的禮品。之後，濱田嘉昭說明JMA的現況，創設以來已有二十年，將於隔年春季舉行週年慶，邀請世界各國行銷界的學術、實務等專家來聚會。台灣的行銷界實力為各國所認定，特此拜訪邀請，務必請來參加。

翌年，陪台灣團參加其盛大週年慶會，並有幸拜見日本皇太子。當時皇太子尚未結婚，邀請他將來可來台灣度蜜月。所獲回答是：「真想去，只是受到很多規矩束縛。」皇太子知道南國風情之台灣，笑得甜蜜蜜的。

真感謝鳥井會長、濱田執行長的安排，讓台灣有機會在國際會議場上打響名號。此後，年年有機會與濱田執行長見面交談，曾獲贈多條領帶。正如濱田執行長之做人、風格，其所贈領帶是日本名店和光堂產品，優雅、美妍、高尚等，正符合從事市場調查的濱田嘉昭之形象。受贈後的筆者將其佩在身上也體面多了，代表聯廣出去開會也算有禮了。

Karakuli鐘提醒：「時間可貴，人生只有一次！」

台北崇光百貨公司開幕，11時11分11秒拉開鐵門，表示對眾人行禮。其開幕典禮是聯廣的創意。這家崇光百貨是日本資本，其頭家在日本各大都市均設有SOGO百貨，而台灣這家卻是與太平洋建設公司合資。台灣的SOGO之廣告代理由聯廣競標而得，日本的SOGO則由電通公司代理多年。此次SOGO百貨開幕，電通由時任常務董事成田豐，和第七局局長百瀨伸夫率領其廣告服務組來道賀，並送上時鐘為賀禮。

該時鐘有四個鐘擺，正點時四個鐘擺合搖動而奏出短曲，之後一個一個敲出聲音來報時。名為Karakuli鐘，令人喜愛。

送上賀禮時，百瀨局長說：「祝與時俱進，生命就是時間。」太寶貴了，這一賀詞。想到當年的我是五十來歲，現在的我則是八十多歲。Karakuli鐘三十年來時刻提醒人時間可貴，人生只有一次！

總之，能從事廣告已是一大樂事，能獲得鼓勵，尤其是看得見的有形鼓勵更是可貴。

不論是有形的提醒，或是無形的耳提面命之鼓勵，均影響了筆者要忙裡去偷閒，以使身心恢復正常強健。

讓吾等來做個以有形物件、無形言語來鼓勵辛勤者的人，使辛勤的人更努力上進。

他們給我機會，讀書求上進：我所收藏的那些贈書

上學是到學校去讀書，聽講。但，讀書在社會則是自習為要。如遇有貴人指點善書，則更是幸運可貴。

國華老總許炳棠贈我彼得・杜拉克著作

一九六二年以毛遂自薦方式考國華廣告幸獲任用以來，此廣告人生路共約走了五十年。在路上與人相逢總遇貴人指點，也獲贈好書，實在幸運萬分。

進入國華廣告，磨練自己的職業適應力、日語寫作能力，這時得有總經理許炳棠、經理林溪瀨老師之提攜，實為千載難逢之幸運。許老總常在為其寫信完畢後送我一本書，有廣告相關者，也有非關廣告的。老總贈我最多的是有關

彼得・杜拉克（Peter Drucker）的著作，如《改革者的條件》、《改革與企業家精神》、《明天的支配者》、《新的事實》、《非營利組織的經營》等。以當時嘴不長毛的年輕人而言，實在無法深入體會作者智慧之精髓。只是獲贈之書要珍惜，要慢慢細讀，努力在模糊理解的狀況下，咀嚼字句，摸索著前進。

既未識企業，又初淺日文，所獲心得有些茫然，猶如置身在雲霧裡。然亦有志，將來會讀懂它。幸運的是，在國華廣告時期難懂的彼得・杜拉克理論，到聯廣後卻讀懂讀通了。這不是因為聯廣與國華二家廣告公司之理念、組織、運作有明顯差別，而全在於個人知識、經驗有所長進之故。如今想來，許老總不僅開啟了我的廣告認知，也播下我經營廣告公司的種子新芽。真要謝謝他將機會賜給我。

電通所長三宅重一寄贈電通叢書、電通報

國華廣告與電通有業務合作，電通派有駐在員在台。其第二任所長為三宅重一，戰時在中國華北從軍數年。三宅來台不久就來國華廣告訪問，二人初次

見面即約定：此後他用日語與我交談，我則用華語與他通話。

如此維持近六年，對我的日語能力有莫大之幫助。待其任滿調回日本電通後約有十年，不停地寄贈電通叢書、電通報給我，使我有機會持續學習日文，也促使我認識廣告新知。

三宅重一所長是業務出身，擅長銷售廣告產品，也善於拉攏人心，是位全身充滿廣告細胞的電通人。從他身上筆者也學到不少廣告作業的訣竅。

他臨終時，還託其子帶來他生前日常使用的眼鏡給我，作為「形身」（遺物），時常令我睹物思人。

這位在中國華北活動數年，會講流利的京片子的三宅重一所長，在台北也交了不少朋友，人人喜愛之。

堀貞一郎著作等身：令人感動，促人行動

三宅重一所長曾在吉田秀雄擔任社長時在電通任過事，與吾友堀貞一郎迪士尼首席企劃師相識。

堀貞一郎曾受邀來台講演幾次，講創意的發想、創意的實行、創意的效果等，精彩至極。聽眾中有企業人、媒體人及廣告人，均受其惠而頻頻感謝聯廣。

堀貞一郎曾任職於迪士尼樂園的總策劃師，曾受聘為日本觀光協會之顧問。他每次來台都會送我其著作，包括《人生因相逢的人而決定其生》、《魔法的鉛筆》、《感動促人行動》、《召來人眾》、《如果不快樂就非公司》、《從日本製造國到日本觀光國》等。其著作內容正如其為人，令人感受積極感、明朗感、有為感等。

日本行銷界大師水口健次贈書使人長進

說到積極感，日本MCEI會長、日本行銷界之師水口健次，其著作或其書單均給人明朗之感。一九九〇年代的前後十年，筆者每年年初都有機會去日本，與之晤面。

前往日本的機會來自於日本電通公司社長成田豐，他邀請筆者參加電通賀春酒會。一場五百人左右的與會人士當中，常可遇見日本經濟界人士、產業界人士、媒體界人士、學術界人士、廣告業界人士。

相見歡後，我就前往拜訪水口健次。年初見到他就有兩件好事：其一是能獲贈其所著新書。迄今為止，獲贈之著作有《營業策略大修正》、《營業之再生》、《即使討厭也應知的行銷》、《實踐行銷傳播》、《實踐行銷》等，及MCEI東京會員之新書等。

其二是前年度的暢銷書名單，並幸運獲得書評。此書單帶給我在東京出差時的方便。水口健次大師真是專家，有效率地令需要者方便和滿足。

他曾邀我與幾位日本廠商之部長級人物約五人夜間泛舟於隅田河上，喝喝小酒，大談當年度之日本行銷傳播。

水口健次不僅是日本行銷界的大師，也是MCEI實務界的世界巨人。真感謝認識他，台灣MCEI協會的會員們也不捨他，因他能使人長進。

1988年「MCEI東京」大會於日本舉辦，賴東明受邀代表「MCEI台灣」上台致詞。

藤谷明幹事長多年寄贈《廣告研究》季刊

尚有一位日本朋友——吉田秀雄紀念事業基金會的幹事長，名為藤谷明。這是透過曾任電通駐台事務師所長的齊藤充於電通賀春酒會時認識的。

藤谷明曾在電通擔任業務局長，他在吉田秀雄百年誕辰時舉辦「東北亞大學教授赴日研究行銷、傳播、廣告等之獎助活動」。是時就意識到此活動將對台灣的大學教育有諸多益處，於是欣然承諾並在回台後立刻交辦MCEI台北。歷經五年活動，台灣推薦了九名大學教師，幸而圓滿結束此活動。藤谷明幹事長本人及該基金會人人皆表示有意義。雙方表示盼望再來一次，只是百歲冥誕只有一次。

藤谷明幹事長曾寄贈《廣告研究》季刊多年，迄今仍不斷寄來，這可充實我退休後的廣告知識之學習。感謝藤谷先生如此掛心，雖然他已退休多年。《廣告研究》刊物內容有新研究成果、新趨勢分析等，其價值連城，值得大學教授及資深廣告人一讀。

上述五位先賢都與廣告有密切關係，幸能受惠於廣告、傳播、行銷等之知識或經驗豐富之大師，實是三生有幸。衷心感謝。

能讀書上進是幸運事，而在讀書路上有貴人指點，那真是幸福至極。

賴東明獲贈之珍貴藏書。

重返杏壇，鮮花變奬金：校園傳承的這些人與事

回顧在各大學授課應有三十年，在這段期間能有機會與青年學子共享廣告之理論實例，以及體驗「廣告策略提案競賽」，誠屬人生幸福。要感謝給我這種機會的社會賢達與好友。

前幾天在日本《讀賣新聞》報紙中發現全版廣告，一則由日本財團所刊登的廣告，寫著：「我沒有孩子。請把我的遺產，給予經濟困頓的家庭，用在其兒女的教育支援上。」這是A先生決定遺產捐贈時所說的話。

廣告接著寫道：「在人生即將終結時，許多當事人會想留給下一代一些東西。如今，六十歲以上的民眾中，每五人中就有一人關心遺贈議題。屬於非營利公益活動團體的日本財團，無償支持遺產捐贈來完成個人心願。」多崇高的

理念，多切實的愛心，不管其遺贈有多少，總是令人感動的。

用善心讓教育得以延續

廣告用意在於，對遺產捐贈於指定用途上的教育推廣。由此想起，日本在二〇一一年三月十一日東北海嘯所引發的三災（核災、火災、海嘯），當時台灣民眾即時捐款慰問，救災行動之快速、救災全額之龐大，令日本人感動銘心。

其中台灣扶輪人亦有金援。日本三災中有眾多學子遭遇失親、無家之痛，日台扶輪親善會即刻成立「希望之風獎學金」，將台方扶輪親善會之救災捐款全數作為公益基金，如此使受災失親的學子，能繼續其求學之路。

此舉救濟了日本東北震災、火災及核災受難家庭，幫助其家計，協助在學學子渡過困窘難關。而這只是具體的一例，相信台灣人的救災捐款，在災地一定曾發揮無比效果。日台扶輪親善會的「希望之風獎學金」，將永誌台灣人慈心、義氣於日本人心中。

關於援助品學兼優、失親家衰的學子，台北北區扶輪社亦有一救助行動。該社於一九七八年設立「扶輪親恩教育基金」，嘉惠失親貧苦卻仍激勵向上、品學兼優的學子。年年舉辦，名額從不到十名，增加到去年度的六十名，每名學子每學年十萬元。

此外，台北北區扶輪社社員每逢自己生日、結婚紀念日、兒女娶嫁、得子得生、雙親生日、公司週年或本身創業等值得賀喜之事，都可捐助款項給基金會，以表示人生各階段的大小喜事與成就，均來自他人的賜予。

人善忘，需有他人來提醒其重要且快樂日子。為防止此弊病，並增加快樂人生，扶輪親恩教育基金會設限委員一年一任。筆者有幸曾任委員及主任委員，並且破例連任主委多年。

當年筆者善於催募，使有喜事之社友在例會前，就得知自己該辦之事——喜樂捐款，而該有力募款高手是社友陳光輝。他經營大企業，做人低調，做事細心，能達成目標。我真心感謝他。

感謝給予機會的人

今年台北北區扶輪親恩教育基金適逢四十週年。歷年來，年年相傳，有做事，有源源捐款，有連連感恩等不求回報的北區扶輪親恩教育基金，將薪火相傳，貢獻予台灣的大學生。

大學是培養社會中堅人物之所在，筆者有幸曾於實踐家專、文化大學、政治大學、輔仁大學等校兼教了幾年，作育人才，施教並捐款。

當年的實踐家專學校，由著名畫家顏水龍先生領導美術工藝科。他對筆者說：「他們會做，但不會賣，可否教他們如何來賣？」於是，就在該校教起行銷學來，課名是「商品觀」。

學生聽起課來，雀喜萬分；學生畢業後學以致用，其中不少人在廣告產業擔任要角。猶記得當年初開此課程，但聞學生說：「我爸不曾說過商品有生命觀念。」如此說來，課程點醒了學生所製造的產品，該如何轉換為商品銷售之觀念。

教了三四年，家族事業變得忙碌，筆者所參與的《動腦》雜誌也幸有成長，於是向顏主任遞出辭呈。顏主任帶助教來聯廣挽留，且留下了他的版畫。真不敢當，他老人家如此懇切勸留。

再十三四年後，因聯廣業績如旭日東升，於是又一次提出辭呈，結果又被挽留。顏主任硬是不肯，只好來調動上課日期，由週二下午轉到週六下午。學校為我網開一面，實是心感抱歉，與不捨。

每次留下來教書，都是顏水龍主任的懇切態度與學生的思念。我心有所感，如今念念不忘顏主任的辦學認真，待人誠懇。每年一次，家庭接待美工科老師們，由顏師母親自下廚做菜，真是歷歷在目。筆者能得其厚愛，實三生有幸！更感激朱守谷老師的推薦，才得有此段人生美事。未知此友誼債何時還清……

政大執教之緣起，與多人講課之始創

政大設立廣告學系，對廣告人而言是盛事。曾受賴光臨老師之邀，參與課程之選擇，與講師之遴選。當初曾受邀擔任教席，可惜因聯廣職務繁忙而不得已婉謝。

三年後又再次受邀，一樣不停地說「抱歉」婉拒。因一來再來邀請，只好請示葉明公董事長；終獲其勉強同意，才接受政大廣告系之兼任聘書。猶記得葉明公當年兼任世新新聞專校之副校長，於筆者請示時嘆一句：「何不來世新，而去政大？」所以，他的同意是勉強的。從那時起迄今，一直任教政大，但邁入老年之後，心中不免時有夕陽迫近之感。

一九七〇年代，台灣的經濟可謂突飛猛進。因為有外商來台投資，是以廣告人才奇缺，廣告科班出身的幾乎沒有；即使有之，也是美術科系轉身、新聞科系變型；這些人支撐了新興的廣告業，有其苦衷，亦有其功勞。

在那個年代，筆者有幸創辦廣告界刊物《動腦》雜誌，進入聯廣擔任顧問、副總經理職務，且在新設的政大廣告系執教三年級的「廣告概論」。過了十年左右，政大有了廣告研究所，有一門課程為「廣告策略管理」，要我去分享經驗。後來又開課授「廣告管理研究」，由大三、大四年級生與研究生合併上課。

改為合併上課後，因怕素質參差不齊（實際上在研究生身上，就有校內生與校外生之程度差異），在教學上實倍感吃力。然而，在有教無類的前提下，唯有努力從事。為能解決此項困擾，乃改變教學方法，由單人講課改成多人分說。

幸而這一改變，頗得好評，成為政大教學之獨有特色。後來，其他系所也想如法炮製，可惜未能成功；其原因在於學校教學的老師，甚少有業界能手。

我們系所，合作授課的教師們均是筆者所熟悉的業界老手或中堅，均擁有碩士學位，且大都是有豐富業務經驗的單位主管。上選人才，實在難覓，更難得願意挪出繁忙時間去賺大學微薄的鐘點費。這些業界教師們致力於宣揚廣告，願將經驗、知識分享他人，實在感恩。

筆者真幸運且感謝政治大學給我機會去兼課，又能找到多位教師成團，去完成一學期的課程。

回憶當年外商投資台灣之困境

筆者兼課的另一所學校是文化大學，廣告系主任是鄭貞銘教授，接任者是劉建順教授，後來擔任傳播學院院長的是王洪鈞教授。三位都與筆者有私誼。

在國華廣告時代，與鄭教授就有往來，當時他是新銳的傳播學者。劉建順教授曾任廣電處處長，曾經有權允准筆者之請求開放女性內衣廣告，兩人因此機緣建立了友誼。巧的是，他與我均是中一中先後期之校友。

王洪鈞教授是首任文化局局長，當年外商「黛安芬」公司根據政府頒布的《外人投資獎勵條例》來台投資生產女性內衣而舉辦新商品發表會時，若非有他的果斷裁決，黛安芬如何能多年叱吒台灣市場？作為擔當業務的筆者，如何還能在五十餘年後的今天撰寫回憶文章？

德國黛安芬公司投資台灣，當年也是一賭：女性內衣在台上市是一賭，能否取得表演證是一賭。為何事事要賭？因為當時美援終止，全島在戒嚴體制下，台灣為一農業社會，消費支出幾乎全花在食糧上，個人用品惜福至極，衣服破了補，補不勝補，才會買新。那時，人民生活不易，窮困拮据；企業經營或外商投資亦只有一賭，才能撥雲見日。由今回頭看，一九六〇年代初期，是人人感傷回憶的時代，也是對未來滿懷期望又餘悸猶存恐怖不自由之年代。

明梅獎學金助貧寒學優

在文大兼課有二事值得回味：一是上課時，學生的口令與動作。「立正，敬禮，坐下」，看似簡單而制式，卻使教課的筆者深深感受到學生尊師重道之謙恭態度，不覺精神為之一振。而筆者對學生的要求則是：一不得遲到，二不得在課堂裡內飲食，三不得蓬頭垢衣。

遲到學生要從教室前門進來，喊一聲「對不起，遲到了」，等老師點頭才能入座。至於後門，就是上課一開始就緊閉。飲食學生則到走廊吃畢才准進來。服裝不整不潔學生則被要求其翌日要著整裝齊服來校，體面上學。

二是在文大兼課期間，王洪鈞教授就任傳播學院院長。那時筆者就戰於聯廣公司，他想送花籃或花架以賀。內人聞之表示不宜，建議送獎學金。於是台北三所大學開始有了「明梅獎學金」。明梅獎學金有異於一般獎學金之處，在於它並非針對品學兼優的學生或貧寒學優的學生發給，而是組隊競賽得勝者才能領取的獎金。

由學生自己組隊參賽，針對所設定主題，學生團隊腦力激盪，想出廣告策略（包含商品定位、訴求重點、傳播內容、使用媒體、成果測試等），由筆者所聘請之評審人，依分數定高低。結果決定後，請評審人做講評，而後給獎。

如此，經過動腦而後提案，學生花費心血，做成十五分鐘簡報，已知自己提案的強弱，再經評審老師的講評，定可更知道自己優劣所在。這種體驗，能加強學生對課程的認識，學習也會更進步。

後來，筆者又受輔仁大學的皇甫河旺教授之邀，有幸在輔大兼課廣告學。因此，也讓輔大學生有機會參加廣告競賽。

有一年，在政大鄭自隆教授建議下，舉辦了三所大學「廣告策略提案競賽」，這使得學生既疲倦又興奮，大大促進了三校學生的良性競爭和交流。學生們自身的實作體驗，有助於提升對課程的認識。這種成效，誰曰不宜？

在三校兼課時間，前後加起來應有三十年。在這段期間，能有機會與青年學子共享廣告之理論實例，以及體驗「廣告策略提案競賽」，誠屬人生幸福。要感謝給我這種機會的社會賢達與好友。

只是自我反省，有無將作育人才變成作育「英」才？將鮮花改成獎學金？

因緣開花，感恩結果：從古川町到扶輪社的這些人

年末年始期間賀年卡紛紛進來，雖然為數不多，仍然有不少朋友關心已退隱十多年的老宅男，心中至感謝意與溫暖。緣分未盡，只是多少遺忘。

其中有一賀年卡來自日本飛驒市古川町，是觀光協會前會長村坂有造寄來的。賀卡文意表達新年祝福、一年行事等。文字甚多，須借放大鏡才能完讀。

然而，文中有句引人感同身受，茲譯為中文：「因緣開花，由恩結果。」

筆者有許多為人做事之經歷係來自於緣分，而因彼此感恩而致結成果實的。任職十年的好鄰居文教基金會與古川町觀光協會的因緣亦是如此。

知否古川町離名古屋多遠？

有一年出差於日本名古屋，時任華航董事的筆者雞婆心發作，乃前往華航名古屋分公司訪問，只是關心業務可否而已。然而，在談話中卻問起經理陳添茂：「知否古川町離名古屋多遠？」

陳經理聞之即答：「明天是休假日，我願陪你去。」

翌日，他開車，並說昨天剛裝好導航器，可趁此機會測試其靈敏度、實用性。因緣訪問華航公司，又因緣有機會測試汽車導航器，更重要的是因緣結識華航陳添茂經理。

穿過四十幾個山洞，在靠近中午時分始到達古川町町公所的停車場，出來迎接的是村坂有造會長與伴七郎專務。首次見面行禮如儀。該町人口一萬人上下，卻有個知名於世的觀光協會存在著。

聽著村坂會長談其營造古川町的社區振興故事，不禁從心底湧起好鄰居文教基金會亦應當如是之感。村坂會長說，古川町位在內陸深山裡，一年有四個月埋在積雪中，除了林業，百業不興。因此，在一九六〇年代，日本從戰敗奇蹟復興中曾有招商活動。然未成功，因為人口不多、氣候不良、交通不便等。

於是從東京學成歸鄉不久的村坂與幾位同志就轉念，與其招工廠來，不如安定人居。於是展開居民大小一起來的清掃環境、水溝裡養鯉魚、街景齊一景觀、四月的醒人太鼓活動、河堤種櫻花等社區營造活動。

聞其言談，愈發覺得好鄰居文教基金會應邀此人來台現身說法。誰知已有人捷足先登，此乃嘉義縣新港文教基金會也。

不過，村坂會長認為文化人人可公平享受，而不應有排他性。後來，古川町觀光協會的人員曾接受好鄰居文教基金會的邀請，來台說明其社區營造之理念、方法等。當時古川町併入飛驒市後，好鄰居文教基金會還為其舉辦記者會與講習會。

從其來信知曉飛驒市與新港鄉締結了友好盟約，乃衷心為彼等高興祝福；雖非與好鄰居文教基金會結盟，然新港鄉亦同為吾台灣之部分也。

村坂有造會長賀卡內的一句「因緣開花，感恩結果」，的確是其心聲寫照；筆者與其交往甚久，實可印證之。更望嘉義新港能因緣結盟飛驒古川，將來能為台灣的社區營造形成潮流助興。

上：國際扶輪總社長黃其光先生頒贈扶輪服務大道獎（手錶和獎狀）給作者賴東明。

下：前排左到右為筆者與飛驒市觀光協會會長村坂有造，後排左到右為愛知博覽會總策劃師福井昌平、飛驒市觀光協會專務伴七郎、古川町觀光協會理事。

可否推薦一名講師在曼谷年會上講演？

一九八〇年代，筆者時任聯廣總經理，接到ＡＰＭＦ鳥井道夫會長的來信。聯廣是ＡＰＭＦ的亞太行銷聯盟之一員。

來信請求台灣推薦一名講師在泰國曼谷所舉行的年會上講演，其講題是台灣的商品通路，要的是成功案例。讀畢來信，腦中就浮起人選。此人應是上選，只是僅知其名而未識其人。

於是大膽打電話到統一超商求見徐重仁總經理。見面之初緣獲得和顏親切招待。告知ＡＰＭＦ此一組織在曼谷的聯盟年會，各方面對台灣的國際關係之重要，並訴之以能受邀講演是台灣的光榮。徐總聞之後不假思索即刻答應。未知初緣如此快速花開，真是心中感激、感謝。

徐重仁總經理在曼谷ＡＰＭＦ年會上講演獲得極高評價，鳥井道夫會長在事後來信中激賞之，並感謝台灣推薦的極品人才。閱後，如釋重負。

從此因緣開花後，與徐總就交往較密。當統一超商設立基金時，徐重仁就邀筆者出任好鄰居文教基金會的代表人，以展開公益活動。筆者推辭再三，而徐總則言這是高清愿董事長的授意。聞之後心中生出唯有接受一途。

近十年，好鄰居文教基金會公益活動有淨掃沙灘、搶救百年老店、舉辦樂活講座、推薦身障青年赴日見習、推舉通路員工赴日進修等。統一超商派其公關部經理王文欣擔任基金會執行長。王文欣小姐就讀政治大學廣告學系時曾是筆者學生，如今師生兩人合作推動社會公益，合作無間，深感愉快。感謝徐重仁總經理賜給筆者難得的十年時光，學習廣告專業外的社會公益。

緣分難得，機會稀有，若珍惜恩賜則會開花結實成果。

父母巧遇國華廣告時代客戶第二代

一九七〇年代，父親自農業水利會退任，家務事也處理告一段落，在子女建議下環遊世界一周。於松山機場送行時巧遇國華廣告時代客戶第二代陳嘉男夫婦。父母遊玩回來後交代筆者前往道謝，因其一路照顧老人家。

如此，筆者又與陳嘉男董事長結緣。陳家經營出版通路，代理《時代》、《生活》等英文雜誌，也代理《文藝春秋》、《讀者文摘》、《家庭畫報》等日文雜誌。在推廣國外新知來台甚有貢獻，然亦常受警備總部關照。如雜誌封面、內文若有毛澤東或周恩來之字樣、照片出現，就必須在其上蓋印「匪」字後，才可發行上市。

陳董事長的廣告不多，但因緣交往聯廣，由是開花而交往更密。

西裝裡襯紅色的祝福

筆者曾因業務關係率團前往東京參加「MCEI東京」的年會，與西裝裡襯是紅色的主持人水口健次，甚為投合。

西裝裡襯是紅色，代表穿衣人是六十歲，內人將信息告知筆者。其他團員得知西裝裡襯紅色的意義後，萌起在台北也來設置「MCEI台北」的念頭。因緣際會，水口健次會長的六十歲是「中華民國國際行銷傳播經理人協會」的水源。團體名稱須冠上「中華民國」是當時政府的規定，只好照章行事。至於與國際往來則使用Marketing Communications Executives International Association Taipei。能吞忍該是台灣人的本事。當年參加者有陳嘉男、陳榮村、廖孟秋、張景涵等人。回台北後就籌組MCEI台北。

申辦手續由當時的台北市政府，到台灣省政府，而後到中央政府。當時負責籌備小組的江乃靜小姐正懷著第一胎，每日挺著肚子奔波於市公車或省火車上，極為辛苦。若非極有耐性，公事不會成功。江乃靜既要生自己的第一胎，也要為行銷傳播團體生新胎。MCEI台北會如此克服難產，江乃靜小姐大有功焉。感謝她為台灣誕生了國際性的MCEI行銷傳播組織，也感謝日本水口健次會長的西裝裡襯紅色祝福了台北的MCEI。台日兩會同時活動於國際上，兩會亦維持親善關係迄今。真是有緣開花，由恩結果。

日內瓦等城市亦有MCEI。有一年，該MCEI日內瓦舉行了世界聯盟會議，台北團也組團去參加。在吹完長笛號角後，陳嘉男董事長若有所悟，認為此會值得推廣，但前三年必定備極辛苦，猶如吹牛角長笛需要有一口長氣；於是他一口氣捐出五十萬元，使MCEI台北不慮財源。真是令人感謝

「MCEI東京」會長水口健次（右一），不僅是日本行銷界的大師，也是實務界的巨人，「MCEI台北」的成立受到他的幫助甚多。

不盡的會員。以後到國外開會，他總是要負擔一個午餐的餐費，次次如此。後來其他人亦仿效之，願另捐一頓午餐費。如此一來，團費降低，有助於團員招募。

「感恩」與「沒有人，怎會有我」

陳嘉男董事長的一句口頭禪是「感恩」，MCEI台北常有人學習「感恩」如陳董事長，因此會務推動得平和順利，迄今，開花結果不斷。

台灣森永製菓公司總經理李炳桂雖不說「感恩」二字口頭禪，卻常說：「沒有人，怎會有我。」同樣表達謙卑感恩態度。

由於李總經理三次邀約吃飯之緣，筆者才加入了台北北區扶輪社。申請兩次方得有緣進入參與扶輪服務之推動。

作為扶輪人近四十年來，擔任過糾察、四大服務委會中的主委、社長、親恩獎學基金主委、箍桶會召集人，並有幸獲得國際扶輪之扶輪服務大道獎等。服務愈多，獲益愈多，近四十年從中學習之，受益匪淺。

因李炳桂總經理三餐之緣，促使自己在專業廣告領域外，因感恩之領悟而有開花結果之勢。真感恩李先生。

總之，活來八十幾年，年年受恩於人，此生真感恩滿身。

陪同強身健體，醫治病痛：感謝益友與醫師們

「一十百千萬」健康五法

今年中秋節前，偶然在報上看到日本醫師公會的廣告，廣告標題是：「一・十・百・千・萬」。廣告版面不大，是全版的五分之一，但其版面設計與廣告標題卻非常醒目，有小辣椒之感。

廣告內文說，要日日健康，有五種簡便方法。五種簡便方法如下：

一：每日閱讀一文。

十：每日大笑十次。

百：每日吐納百回。
千：每日書寫千字。
萬：每日走路萬步。

看來容易，做起來卻困難。真是遇到知易行難之說。就拿此五種來驗證自己，會有如下慚愧：

一、「每日閱讀一文」，並不困難，只要報紙的社論一篇。

二、「每日大笑十次」，也不難，只要面向鏡子大笑十次，再看自己面相是否笑容可掬。

三、「每日吐納百回」，也不難，但要找出一個不受打擾的時段，這就難了。在練習時，常會忘記吐納時間、分段及次數，亦會引起混亂現象，致失去信心。

四、「每日書寫千字」，也難，因非專業作家、評論家，記者等文字工作者，故難。

五、「每日走路萬步」，有可能，只要晨早散步或夕晚漫步即可。然而，實際上卻難以日日實踐之。

如此劣績怎能有健康身體？難怪老年一到就病痛纏身。然而，此老年病痛並非突然來報到，而是逐漸上身的。

回想過去，任職國華廣告公司時，因不知保養身體致積勞成疾二次。任職聯廣公司時，因有前車之鑑乃小心翼翼控制時間，方有作息之分。之後任職聯廣副董，方可不必拚命過分，而有更多休閒時刻，乃與社團朋友，如國際行銷傳播經理人協會、公益廣告協會等老闆級人士去揮桿，每月二到三次。至於退休後，即有病纏身，又無定期作息，唯有跑醫院或在家踏步，談不上日本醫師公會廣告上之「每日一文，十笑，百吸，千字，萬步」之水準，只有將它當成目標，日日勤練，以期健康長壽，長壽健康。如此，己願已足矣。

球友助我強身，增進生活樂趣和智慧

回憶聯廣人晚期的勤務、休閒，與前期基層事務比較，有雲泥之大落差。總經理時期因為事務多，常覺時間不夠，恨不得每天有四十八個鐘頭；而在董事時期，則希望工作項目多點，因使用頭腦時間較多，致使身心常有疲倦懶散之感。

這時社團圈之朋友，偶爾會來邀約打球，如扶輪社的謝克昌、國際行銷傳播經理人協會的陳嘉男、公益廣告協會的徐重仁等。與彼等打球真是快慰至極，運動期間可以聽取他們對社會、經濟、企業等各方面問題的見解，可以補足筆者之寡聞無知。

打球健身完畢，時常與謝克昌同去東方球場吃黃魚麵，一碗兩人分食；或與陳嘉男在林口球場共享滷肉飯，味美價廉；有時則與徐重仁在長庚球場品嘗牛肉麵……。真是運動後的美味極品，幸福至極。

談到幸福，不免想起中一中同學蔡碧林。我倆經常相約到幸福高爾夫球場打球，從球場開始興建一直打到建場完成，真是美好回憶。猶記得女桿弟伶牙俐嘴愛說笑，常常十八洞打完了，不知是打球多還是說笑多。

有人相伴打球是一樂，能相遇高手則是一幸也；例如朋友何景明，其助我球技進步神速也。他會打球又會設計建造球場，東方高爾夫球場即是他的大手筆。真幸福有這麼一位朋友。

而另一位遠在日本的朋友圡屋亮平會長則送我一支有製作者簽名的球桿，祝我桿桿拍進。感謝其好意，在果嶺上的一桿進洞，果然因友情支助而有進步。

這幾位球友均是給我機會增進身體健康、生活樂趣、人生智慧的至高親善朋友。衷心感謝他們。

因病結交，仁心仁術好醫師

健康之維持有賴自身之努力管理，但也要依賴朋友之互相支助。

但，朋友有早已熟悉的舊朋友，也有經過相處後才成為新朋友的。其中不乏多位為我看診的醫師。

任職聯廣總經理時，雖有小病，但無大礙。然任職董事會時，則大病、小病不斷，各種毛病不請自來，於是常跑醫院，無法閒著。

先是生活習慣產生的高血糖症。總經理時期，繁忙無比，只有上班時間，沒有下班時間；唯有繁忙日子，沒有休閒日子；三餐不定時，不是開會討論，就是喝酒應酬；工作無法定序，生活未能定律……。於是日感體力衰弱、精神不振，乃就醫於台大醫院，主治醫師是糖尿病權威林瑞祥。他溫文儒雅，首先告訴我不用擔心，只要改善生活習慣，控制甜食，減少喝酒，持久治療。這段時間，週週上醫院，經他治療，病情受到控制。後來，他退休了，我則輾轉經歷幾位醫師，現在就診的醫師是比較年輕的曾慶孝。

兩位醫師均是仁醫，曾慶孝醫師還會與病患閒話家常。真是找對醫師，或者說是好運遇到。

只有上班時間而無下班時間的筆者，時時精神緊繃，連上班時間內也難得有輕鬆的咖啡時間，受疾病之侵害應是註定逃不掉的。病症是頻尿，這病很危害業務之執行，尤其是會議主持、來客接待等活動，更是有所不便。

而後，在扶輪社友趙常恕之引領下，問診於書田醫院陳明村醫師。陳醫師很親切地解說醫治方法，病名是攝護腺腫瘤，從手術到出院需要三天兩夜。長子特地從美東趕回來照護筆者。該病獲陳醫師之悉心療治，未再復發，如今則三個月回診一次。回診時，他常會提及拙文在《講義》上的刊載，表示肯定。拙文能受仁醫之肯定，實是光榮。

從繁忙的總經理職務換成董事長職務後，以為可換得幾許空閒，誰知上蒼不容人空閒過日，再讓筆者頭痛、暈眩，而住進台北榮民總醫院。

頭部長瘤是在台大醫院發現的，但找不到名醫來開刀。這時遠親吳杏美突然出現，並願帶我去複診。一去榮總，並拜會院長林芳郁。他已安排治療團隊，並指示即刻住院。這使我了解病況不輕。被推進長青樓病房時，門口已有花塔之布置，紅條右邊寫著「祝早日康復」，左邊則署名院長林芳郁。看到此種規格接待，心中就湧起決心：「一定要早日康復！」而助我早日康復出院的人，正是醫師曾成槐。他每早來巡房，總是不厭其煩地詢問身體狀況，並仔細閱讀住院紀錄，且對身邊二到三位年輕醫師解說本人病狀，令人感動。他應是好醫，好師，又是好人。

曾成槐醫師在治療其間曾要我去其辦公室看診。其房間十分安靜，可多了解筆者之治療過程及復原狀況。每三個月一次的回診，他對我說：「恭喜，正常。」我則對他說：「感謝，感謝。」曾醫師與筆者之間，從醫師、病人關係，演變成友誼關係。這對筆者之決心能早日實現有所幫助。

曾成槐醫師看診筆者四五年後，因年齡而榮退。接其任者為年輕醫師王浩元，首次看診，他開口就說：「曾醫師有交代……。」一聽我心中就生出無限溫暖。經過一年多的醫師、病人關係，王浩元醫師的認真態度與解說能力，真令筆者心服，而自認好運。

筆者在這七八年來，因眼疾曾受診於榮總劉瑞玲醫師、林伯剛醫師及台大林昌平醫師等，均是大忙人，但又是親切者。有仁術又有仁德，令人尊敬。

總之，身體健康要自己負責，有病則要拜託醫師。筆者誠心感謝幫我維持健康的朋友，同時感謝醫我病痛的醫師。真是人生幸運。

廣告人需要以體力與腦力來從事創意工作，筆者幸而在五十年當中得有益友於身邊，讓我活得更為快活、精彩。感謝益友們。

誌謝

感謝！再感謝！

感謝曾給我機會的長者、貴人、親友；

感謝共同創造廣告產業的廣告人；

感謝給予合作機會的廣告廠商、廣告媒體；

感謝支持廣告產業的學者、官員；

感謝願出版此書的秀威公司總經理宋政坤；

感謝編輯此書的洪聖翔先生與丁玉霈小姐；

感謝動腦雜誌社和講義堂公司的從旁協助；

感謝閱讀此書的讀者您，再再感謝！

東明敬謝

二〇一九年二月四日　除夕

附錄一：友人致贈的書法三幅

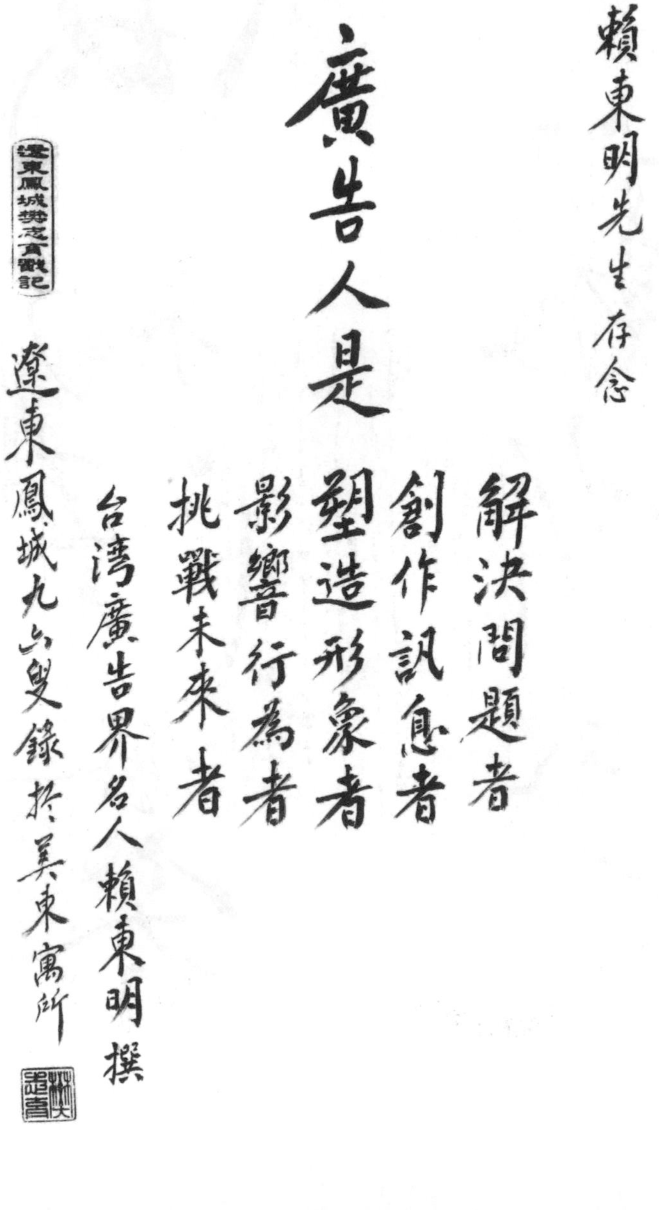

曾為國華老同事的樊志育先生，移民至美國後，與作者賴東明機緣下於2005年再次相遇，兩人重新有所來往。他因而寫下了賴東明曾經說過的一段話，致贈給本人。

兩袖清風客

一心散拂衣人

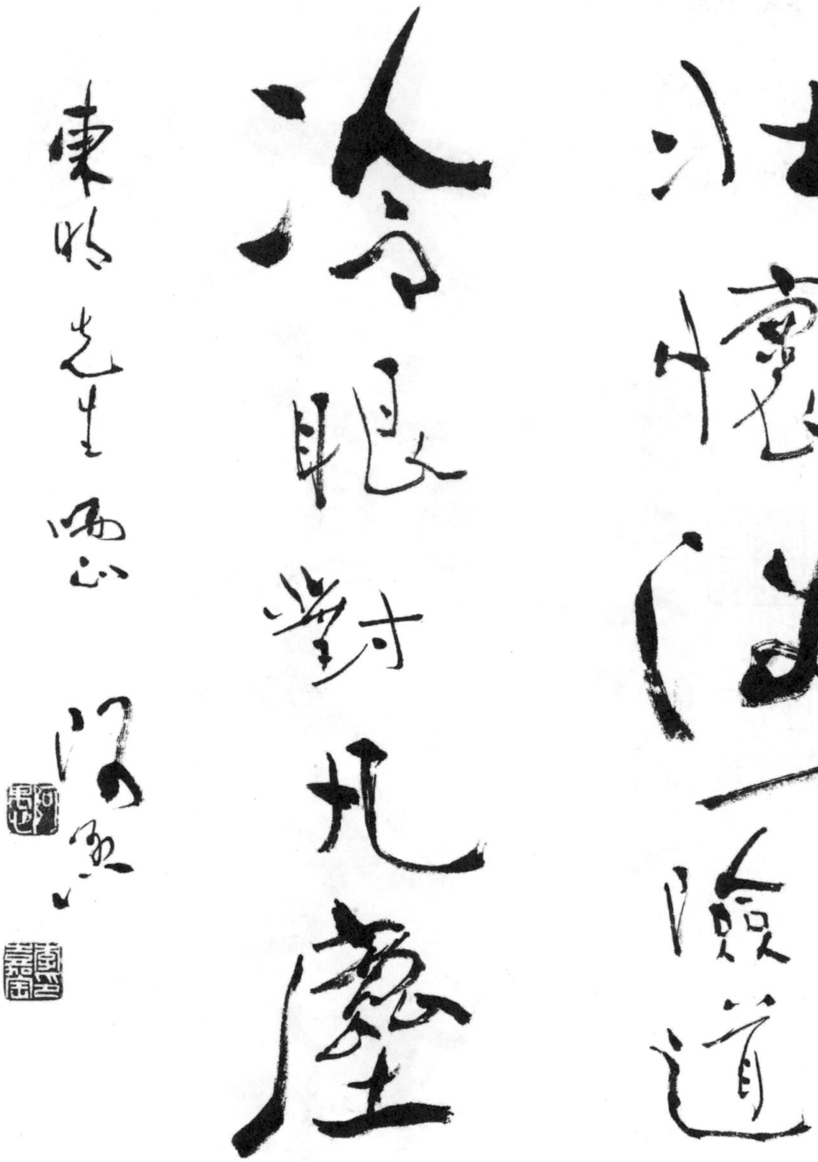

1990年至中國訪問時，廣告人阿愚（本名李家寶）寫下了一段話致贈給作者賴東明：

「兩袖清風客　一襲布衣人
　壯懷涉險道　冷眼對凡塵」

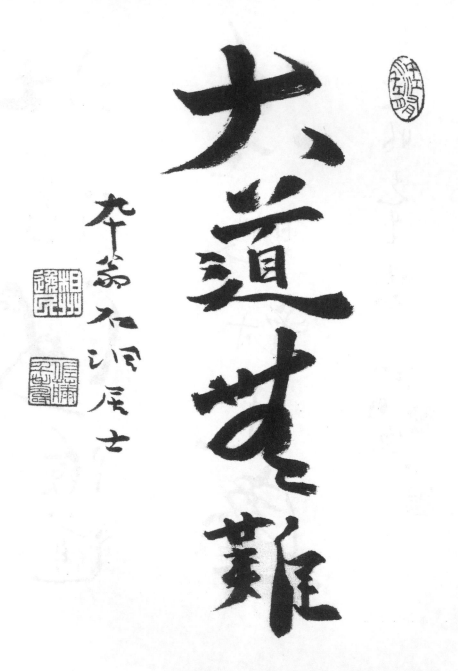

日台扶輪親善會的催生者佐藤千壽，大筆揮墨寫下「大道無難」四個字，勉勵作者賴東明在這條道路上擔負起更多的責任服務他人。

附錄二：賴東明及廣告界大事記

作者大事記	年代	廣告界大事記
	1930s	
1934年 出生於日本東京，成長於台灣台中		
	1950s	
1958年 應台中縣立神岡中學之聘擔任教職		
		1959年 台北市廣告工程同業公會成立 第二屆亞洲廣告會議在東京舉行
	1960s	
1961年 與蔡雪梅女士結婚		台灣廣告業生態改變，出現代理制 國華廣告公司成立
1962年 進入國華廣告擔任業務助理		
		1963年 【廣告鬼才】吉田秀雄 逝世
1966年 創辦國華公司內部刊物《國華人》 前往日本電通見習， 因此認識堀貞一郎、植條則夫		第五屆亞洲廣告會議在台北舉行
1967年 當選SMEI（國際行銷及銷售主管協會） 之十大傑出青年		

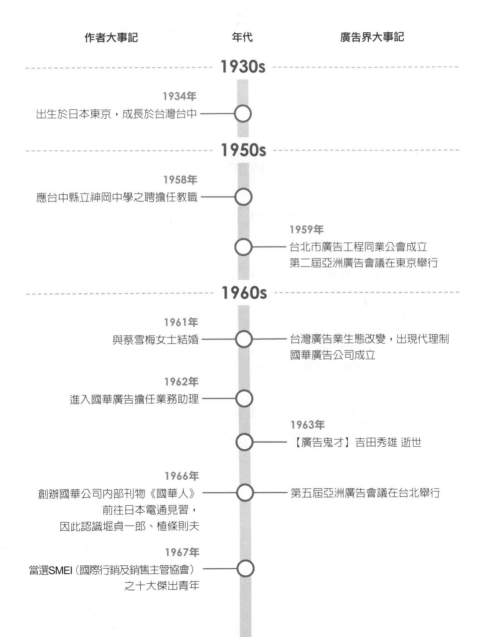

1970s

1970年代

與三宅重一先生初識
開始於政大、文化與實踐等校開課教書

1974年

聯廣成立，賴東明擔任顧問，同年擔任副總經理

東海廣告公司改組成立聯廣廣告公司

1977年

與吳進生等人創辦廣告專業刊物《動腦雜誌》
得李炳桂與林進財先生推薦，進入台北北區扶輪社

1980s

1980年代

與本田勝先生初識
與徐重仁先生初識

武藤信一獲邀擔任聯廣副總
跨國廣告公司大舉進入台灣

1981年

擔任聯廣總經理一職

聯廣策畫黑松汽水《熟悉的聲音篇》、《我的未來不是夢》獲得亞洲文化協會獎

1986年

接受美國CLIO國際廣告獎台灣區代表職務

1987年

擔任北區扶輪社第29屆社長

1989年

與成田豐先生初識
擔任聯廣副董事長

1990s

1990年

出版《點亮生命的燈光》（自立晚報）

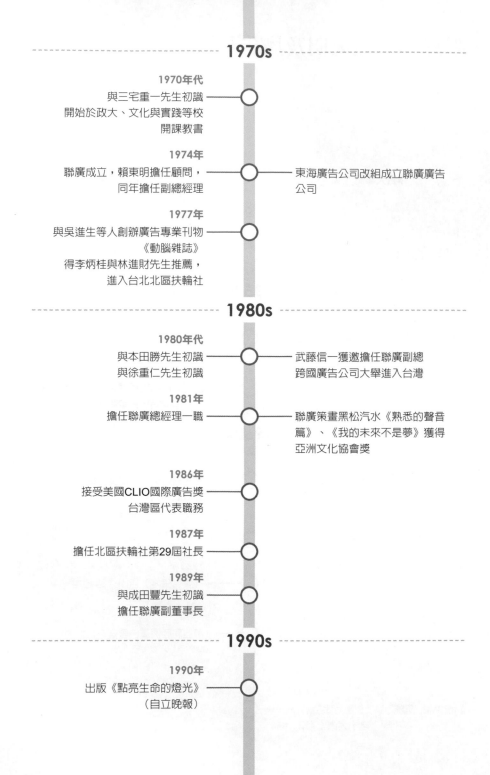

1991年

贊助辦理【明梅廣告策略獎學金提案競賽】
中華民國國際行銷傳播經理人協會（MCEI台北分會）成立
翻譯出版吉田秀雄著作《廣告鬼才：吉田秀雄》

1992年

擔任聯廣董事長
出版《政治廣告的新領域：鈔票換選票》（哈佛企管出版社）

1994年

出版《30年廣告情：賴東明談廣告行銷傳播》

1996年

擔任李登輝、連戰競選總部文宣部主任 —— 以廣告宣傳歷史性的首次總統直選
國際行銷及銷售主管協會十大傑出人獎

1998年

出版《大才中才小才：開創運勢的行銷》（台英雜誌社）

1999年

出任統一超商好鄰居文教基金會董事長

2000s

2001年

出任亞洲廣告聯盟（AFAA）台北大會副主委兼執行長 —— 第22屆亞洲廣告會議在台北舉行
廣電人公司成立，出任第一代董事長

2002年

擔任聯廣董事長 —— 日本電通成立百年

2003年

台灣公益廣告協會成立，並出任董事長

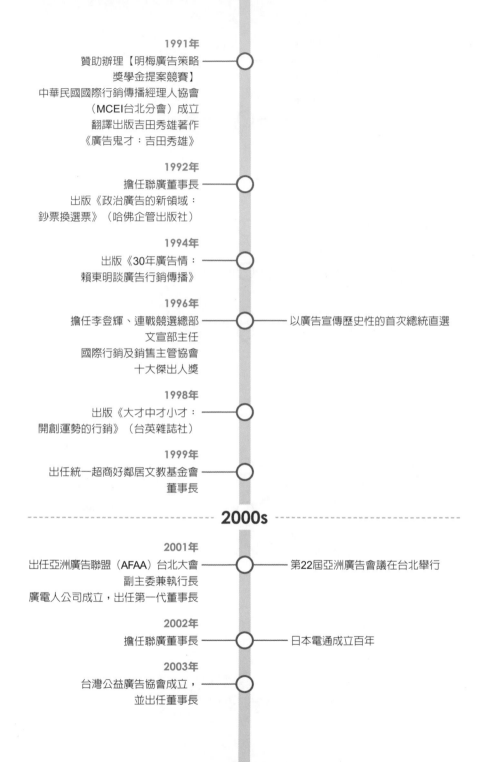

年份	個人事蹟	同期大事
2004年	擔任聯廣名譽董事長 出版《樂活人生》（九歌出版社）	吉田秀雄百年冥誕
2009年	經濟部商業司「廣告終身成就獎」 出版《我看日本文化精神：有感人生》（九歌出版社）	葉明勳先生逝世

2010s

年份	個人事蹟	同期大事
2011年	台灣活動發展協會成立，出任董事長	成田豐先生逝世
2012年	發現腦腫瘤，實施手術，開始淡出廣告圈	三宅重一先生逝世
2013年	出版《生命的奇幻旅程：啓迪心靈成長的6個故事》（董事基金會），翻譯自堀貞一郎之原創故事	
2015年	出版《人生有味：側身服務巨輪》（秀威資訊）	第29屆亞洲廣告會議在台北舉行
2016年	出任台灣精品選拔會召集人	
2017年		自由時報董事長吳阿明先生逝世
2018年	出版《感謝北區扶輪40年》（北區扶輪社）	台大心理系教授楊國樞先生逝世
2019年	出版《感謝：廣告55年，幸遇貴人，幸得機會》（秀威資訊）	

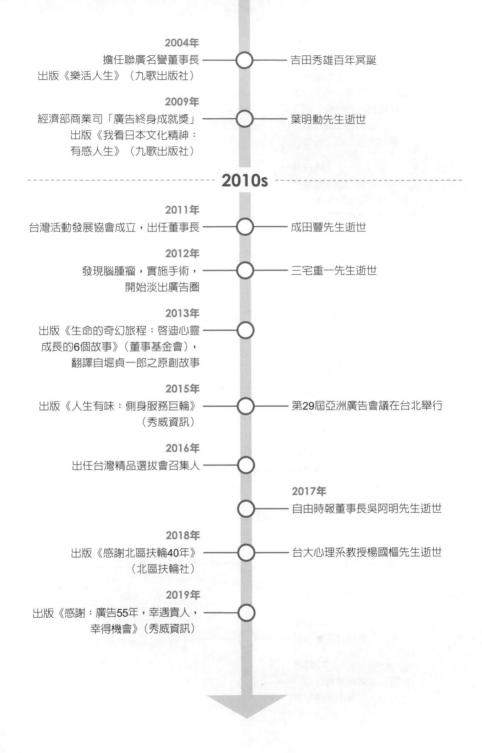

秀威經典　　新視野62　PC0842

感謝
——廣告55年，幸遇貴人，幸得機會

作　　者 / 賴東明
責任編輯 / 洪聖翔、丁玉霈
圖文排版 / 莊皓云
封面設計 / 蔡瑋筠

出版策劃 / 秀威經典
發 行 人 / 宋政坤
法律顧問 / 毛國樑　律師
印製發行 / 秀威資訊科技股份有限公司
114台北市內湖區瑞光路76巷65號1樓
電話：+886-2-2796-3638　傳真：+886-2-2796-1377
http://www.showwe.com.tw
劃撥帳號 / 19563868　戶名：秀威資訊科技股份有限公司
讀者服務信箱：service@showwe.com.tw
展售門市 / 國家書店（松江門市）
104台北市中山區松江路209號1樓
電話：+886-2-2518-0207　傳真：+886-2-2518-0778
網路訂購 / 秀威網路書店：https://store.showwe.tw
國家網路書店：https://www.govbooks.com.tw

2019年5月　BOD一版
定價：360元

國家圖書館出版品預行編目

感謝：廣告55年,幸遇貴人,幸得機會 / 賴東明
著. -- 一版. -- 臺北市：秀威經典, 2019.05
面；　公分. -- (史地傳記類)
BOD版
ISBN 978-986-97053-6-3(平裝)

1. 廣告業 2. 人物志

497.8　　108005996

讀者回函卡

感謝您購買本書，為提升服務品質，請填妥以下資料，將讀者回函卡直接寄回或傳真本公司，收到您的寶貴意見後，我們會收藏記錄及檢討，謝謝！
如您需要了解本公司最新出版書目、購書優惠或企劃活動，歡迎您上網查詢或下載相關資料：http:// www.showwe.com.tw

您購買的書名：____________________

出生日期：________年________月________日

學歷：□高中（含）以下　□大專　□研究所（含）以上

職業：□製造業　□金融業　□資訊業　□軍警　□傳播業　□自由業
□服務業　□公務員　□教職　□學生　□家管　□其它____

購書地點：□網路書店　□實體書店　□書展　□郵購　□贈閱　□其他

您從何得知本書的消息？
□網路書店　□實體書店　□網路搜尋　□電子報　□書訊　□雜誌
□傳播媒體　□親友推薦　□網站推薦　□部落格　□其他________

您對本書的評價：（請填代號　1.非常滿意　2.滿意　3.尚可　4.再改進）
封面設計____　版面編排____　內容____　文／譯筆____　價格____

讀完書後您覺得：
□很有收穫　□有收穫　□收穫不多　□沒收穫

對我們的建議：____________________

____

____

____

請貼
郵票

11466
台北市內湖區瑞光路 76 巷 65 號 1 樓
秀威資訊科技股份有限公司 收
BOD 數位出版事業部

....

（請沿線對折寄回，謝謝！）

姓　　名：________________　　年齡：________　　性別：□女　□男

郵遞區號：□□□□□

地　　址：____

聯絡電話：(日) ________________ (夜) ________________

E-mail：____

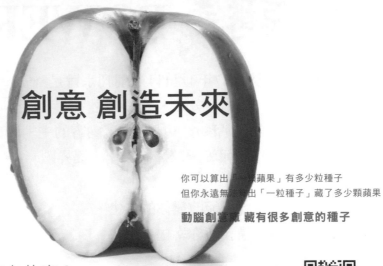